Georg Sattlecker

Genetische Parameter für Fruchtbarkeit bei Fleckvieh-Rindern

AF141438

Georg Sattlecker

Genetische Parameter für Fruchtbarkeit bei Fleckvieh-Rindern

Genetische Betrachtung der Trächtigkeitsdauer, Kalbeverlauf, Totgeburtenrate und frühen Fruchtbarkeitsstörungen

AV Akademikerverlag

Impressum / Imprint

Bibliografische Information der Deutschen Nationalbibliothek: Die Deutsche Nationalbibliothek verzeichnet diese Publikation in der Deutschen Nationalbibliografie; detaillierte bibliografische Daten sind im Internet über http://dnb.d-nb.de abrufbar.
Alle in diesem Buch genannten Marken und Produktnamen unterliegen warenzeichen-, marken- oder patentrechtlichem Schutz bzw. sind Warenzeichen oder eingetragene Warenzeichen der jeweiligen Inhaber. Die Wiedergabe von Marken, Produktnamen, Gebrauchsnamen, Handelsnamen, Warenbezeichnungen u.s.w. in diesem Werk berechtigt auch ohne besondere Kennzeichnung nicht zu der Annahme, dass solche Namen im Sinne der Warenzeichen- und Markenschutzgesetzgebung als frei zu betrachten wären und daher von jedermann benutzt werden dürften.

Bibliographic information published by the Deutsche Nationalbibliothek: The Deutsche Nationalbibliothek lists this publication in the Deutsche Nationalbibliografie; detailed bibliographic data are available in the Internet at http://dnb.d-nb.de.
Any brand names and product names mentioned in this book are subject to trademark, brand or patent protection and are trademarks or registered trademarks of their respective holders. The use of brand names, product names, common names, trade names, product descriptions etc. even without a particular marking in this work is in no way to be construed to mean that such names may be regarded as unrestricted in respect of trademark and brand protection legislation and could thus be used by anyone.

Coverbild / Cover image: www.ingimage.com

Verlag / Publisher:
AV Akademikerverlag
ist ein Imprint der / is a trademark of
OmniScriptum GmbH & Co. KG
Heinrich-Böcking-Str. 6-8, 66121 Saarbrücken, Deutschland / Germany
Email: info@akademikerverlag.de

Herstellung: siehe letzte Seite /
Printed at: see last page
ISBN: 978-3-639-78793-1

Inhaltsverzeichnis

1. Einleitung 1

2. Literaturübersicht 2

   2.1   Direkte und Maternale Effekte 2

   2.2   Trächtigkeitsdauer 4

   2.3   Kalbeverlauf 9

   2.4   Totgeburtenrate 15

   2.5   Frühe Fruchtbarkeitsstörungen 21

3. Deskriptive Statistik der Rohdaten 23

   3.1   Rohdaten und Generelle Statistik 23

   3.2   Trächtigkeiten und Kalbealter 25

   3.3   Trächtigkeitsdauer 27

   3.4   Kalbeverlauf und Geburtstyp 28

   3.5   Totgeburten 29

   3.6   Frühe Fruchtbarkeitsstörungen 31

   3.7   Einschränkungen des Datensatzes 32

4. Ergebnisse und Diskussion 34

   4.1   Eingeschränkter Datensatz 34

      4.1.1   Trächtigkeiten und Kalbealter 35

      4.1.2   Trächtigkeitsdauer 36

      4.1.3   Kalbeverlauf 38

      4.1.4   Totgeburten 40

      4.1.5   Frühe Fruchtbarkeitsstörungen 42

   4.2   Genetische Parameter 44

      4.2.1   Modell zur Berechnung der genetischen Parameter 44

      4.2.2   Varianzen 45

      4.2.3   Kovarianzen 45

      4.2.4   Heritabilitäten und genetische Korrelationen 46

   4.3   Nichtlineare Beziehung zwischen Trächtigkeitsdauer und den anderen untersuchten Merkmalen .. 51

5. Schlussfolgerungen 52

6. Zusammenfassung 54

7. Summary 56

8. Literaturverzeichnis 58

9. Tabellen- und Abbildungsverzeichnis 60

I

1. Einleitung

Das Thema der Geburt ist für die Zucht von Milchrindern sehr wichtig, da nur eine Kuh, die trächtig wird und ein Kalb zur Welt bringt, Milch gibt. Zu beachten ist, dass es Schwierigkeiten bei der Geburt geben kann, welche im schlimmsten Fall zum Tod des Kalbes, oder der Kuh führen können. Mit einer Schwergeburt fallen nicht nur direkte Kosten, wie zum Beispiel Tierarztkosten, an, sondern auch indirekte Kosten die durch eine verschlechterte Fruchtbarkeit, eine kürzere Nutzungsdauer oder eine verminderte Milchleistung zur Geltung kommen. Der größte Verlust entsteht jedoch durch den Tod des Kalbes oder der Kuh (Fürst and Fürst-Waltl, 2006). Wichtig ist es, den Anteil an Schwergeburten und Totgeburten so gering wie möglich zu halten, dies kann durch züchterische Entscheidungen, bei der Auswahl der Stiere für die Besamung, berücksichtigt werden. Die Merkmale Kalbeverlauf und Totgeburtenrate werden sowohl vom Vater als auch von der Mutter beeinflusst, darum werden für diese Merkmale zwei Zuchtwerte, ein maternaler Zuchtwert und ein paternaler (direkter) Zuchtwert angegeben (Kraßnitzer, 2009).

In Österreich wurde eine Zuchtwertschätzung für das Merkmal Kalbeverlauf im Jahr 1995 eingeführt und für das Merkmal Totgeburtenrate im Jahr 1998, in Deutschland wurden beide Merkmale bereits 1994 in die Zuchtwertschätzung inkludiert (Fürst, 2013). Seit Dezember 2010 werden Gesundheitszuchtwerte der Fleckvieh-Stiere in der offiziellen Zuchtwertschätzung der österreichischen und deutschen Fleckviehpopulation berücksichtigt. Gesundheitszuchtwerte werden für die Merkmale Mastitis, frühe Fruchtbarkeitsstörungen, Zysten und Milchfieber geschätzt. Datengrundlage sind tierärztliche Diagnosen und Anwendungen bzw. Belege der Arzneimittelabgabe, im Rahmen des Gesundheitsmonitoring seit dem Jahr 2006 (Fürst et al., 2011; Egger-Danner et al., 2012).

Die Trächtigkeitsdauer wird aktuell nicht in der Österreich - Deutschen Zuchtwertschätzung für Fleckvieh berücksichtigt.

Ziel dieser Masterarbeit ist die phänotypische und genetische Analyse der Merkmale Trächtigkeitsdauer, Kalbeverlauf, Totgeburtenrate und frühe Fruchtbarkeitsstörungen bei Fleckvieh. Dazu werden die Heritabilitäten der einzelnen Merkmale und die genetischen Korrelationen zwischen den Merkmalen geschätzt und mit den Ergebnissen aus anderen Arbeiten verglichen. Mit dieser Masterarbeit soll die Verwendung der Trächtigkeitsdauer als Hilfsmerkmal in der Zuchtwertschätzung für die Merkmale Kalbeverlauf, Totgeburtenrate und frühe Fruchtbarkeitsstörungen zur Diskussion gebracht werden, bzw. ob die Trächtigkeitsdauer als Selektionsmerkmal verwendet werden soll.

2. Literaturübersicht

2.1 Direkte und Maternale Effekte

Die Abkalbung ist generell ein maternales Merkmal, welches von einem genetisch maternalen Effekt beeinflusst wird. Das phänotypische Merkmal Abkalbung wird von der Mutter und deren Nachwuchs beeinflusst, üblicherweise werden diese als direkter und maternaler Effekt bezeichnet. Aus Standpunkt des Nachkommens, kann man den Einfluss der Mutter als umweltbedingt bezeichnen. Es ist jedoch bekannt, dass die Varianz des maternalen Effekts nicht rein umweltbedingt ist. Der phänotypische Kalbeverlauf ist das Resultat des Zusammenwirkens von Nachwuchs und Mutter. Dieser wird von zwei separaten Komponenten beeinflusst, nämlich vom Einfluss des Nachkommen (direkter Effekt) und vom Einfluss der Mutter (maternaler Effekt).

Der Phänotyp von Individuum *i* ist (Willham, 1963) dargestellt als

$$P_i = A_{d,i} + E_{d,i} + A_{m,j} + E_{m,j}$$

P_i, ist der Phänotyp von Nachwuchs i, $A_{d,i}$ ist der additive direkte genetische Effekt von Nachkommen i, $E_{d,i}$ ist der direkte Umwelteffekt des Nachkommen i, $A_{m,j}$ ist der additiv maternale genetische Effekt der Kuh j und $E_{m,j}$ ist der maternale Umwelteffekt der Kuh j. In Abbildung 1 sind zusätzlich noch $A_{m,i}$ als der additiv maternale genetische Effekt des Nachkommen i , $A_{d,j}$ als der direkte Umwelteffekt der Kuh j und M_j als der maternale Effekt angeführt (Eaglen and Bijma, 2009; Willham, 1963).

Abb. 1: Diagramm zur Ermittlung von Phänotyp P (Eaglen, 2013)

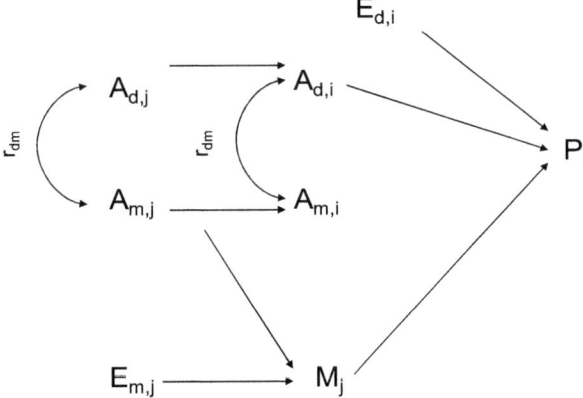

Wie die Gleichung $P_i = A_{d,i} + E_{d,i} + A_{m,j} + E_{m,j}$ zeigt, ist der maternale Effekt eine Eigenschaft von Mutter j und ist ausgedrückt im Phänotyp von Nachwuchs i. Im Leben von Individuum i wird der direkte additive Effekt ($A_{d,i}$) mit Beginn des Lebens gezeigt, wenn i weiblich ist, wird der maternale additiv genetische Effekt ($A_{m,i}$) gezeigt, wenn i ein Kalb bekommt.

Die Kuh trägt mit zwei genetischen Parametern zum beobachteten Phänotyp der Abkalbung bei. Erstens trägt die Kuh mit ihrer genetischen Leistung zur maternalen Umwelt der Nachkommen bei, dem additiven maternalen Effekt und zweitens gibt die Kuh die Hälfte ihrer Gene an die Nachkommen weiter, zum einen die Hälfte des additiven direkten Effekts und zum anderen die Hälfte des additiven maternalen Effekts, wenn es ein weiblicher Nachkomme ist.

Die phänotypische Varianz setzt sich wie folgt zusammen:

$$\sigma_P^2 = \sigma_{A_D}^2 + \sigma_{A_{DM}} + \sigma_{A_M}^2 + \sigma_{E_D}^2 + \sigma_{E_M}^2$$

Angenommen wird, dass es keine Kovarianz zwischen genetischen und umweltbedingten Einflüssen gibt und dass keine Kovarianz zwischen direkten und maternalen umweltbedingten Effekten vorhanden sind (Eaglen, 2013).

Direkte und maternale genetische Kovarianz und Korrelation

Die Kovarianz zwischen der direkten und maternalen additiven Komponente eines Individuums (direkte-maternale genetische Kovarianz) zeigt am Beispiel des Kalbeverlaufs die genetische Veranlagung der Beziehung von leicht geboren zu werden und leicht kalben zu können. Ein negatives Verhältnis von direkt und maternal würde zeigen, dass ein Stier, der genetisch für leichte Kalbungen veranlagt ist, weibliche Nachkommen bringt, welche Probleme bei der Kalbung aufweisen (Eaglen, 2013).

2.2 Trächtigkeitsdauer

Die Trächtigkeitsdauer bei Rindern kann abhängig von der Rasse sein und liegt durchschnittlich zwischen 275 und 295 Tagen (Atteneder, 2007; Kraßnitzer, 2009). Atteneder (2007) stellte für die Rasse Fleckvieh in Österreich eine durchschnittliche Trächtigkeitsdauer von 288,9 Tagen mit einer Standardabweichung von 5,6 Tagen fest. Des Weiteren wurde für die Rasse Braunvieh eine durchschnittliche Dauer von 290,3 ±5,5 Tagen festgestellt, für Holstein 282,5 ±5,4 Tage, für Grauvieh 288,2 ±5,5 Tage und für die Rasse Pinzgauer 287,5 ±5,5 Tage. Analysiert wurden in dieser Arbeit Zwillings- und Mehrlingsgeburten, bei denen festgestellt wurde, dass es zu einer Verkürzung der Trächtigkeitsdauer von Zwillings- und Mehrlingsgeburten im Vergleich zu Einlingsgeburten über alle untersuchten Rassen hinweg kommt. Kraßnitzer (2009) ermittelte eine durchschnittliche Trächtigkeitsdauer für die Rasse Fleckvieh über alle Laktationen von 289,2 ±5,3 Tagen. Für die Rasse Braunvieh wurde ein Wert von durchschnittlich 290,6 ±5,3 Tagen ermittelt, Holstein 282,7 ±5,3, Grauvieh 288,5 ±5,3 Tage und Pinzgauer 287,5 ±5,4 Tage. Für die Rasse Holstein in Großbritannien wurde eine durchschnittliche Trächtigkeitsdauer von 281,0 ±5,0 Tagen ermittelt (Eaglen et al., 2011), in einer weiteren Studie wurde eine Dauer von durchschnittlich 281,2 ±4,9 Tagen ermittelt (Eaglen et al., 2012). Bei Holstein Kühen in Dänemark konnte eine durchschnittliche Trächtigkeitsdauer von 278,5 ±5,1 Tagen festgestellt werden (Hansen et al., 2004). Norman et al. (2009) erhob für die Rassen Holstein ein Trächtigkeitsdauer von durchschnittlich 279,5 ±5,3 Tagen und für Brown Swiss Kühe 287,9 ±5,8 Tage. Manatrinon et al. (2008) beschäftigte sich mit Kärntner Blondvieh, welche eine durchschnittliche Trächtigkeitsdauer von 286 ±5 Tagen aufweisen, Murbodner mit einer durchschnittlichen Dauer von 287 ±5 Tage und Waldviertler Blondvieh mit einer durchschnittlichen Trächtigkeitsdauer von 287 ±6 Tage.

Das Geschlecht des Kalbes kann einen Einfluss auf die Länge der Trächtigkeitsdauer haben. Bei männlichen Kälber der Rasse Holstein in Dänemark wurde im Durchschnitt eine um 1,1 Tage längere Trächtigkeitsdauer festgestellt (Hansen et al., 2004). In einer österreichischen Arbeit wird von einer 1 bis 2 Tage längeren Trächtigkeit bei männlichen Tieren berichtet (Atteneder, 2007). In einer weiteren Arbeit wird eine durchschnittlich um 1 bis 2 Tage längeren Trächtigkeitsdauer bei männlichen Tieren ermittelt, für die Rasse Fleckvieh wurde in dieser Arbeit eine im Durchschnitt 0,6 Tage längere Trächtigkeitsdauer festgestellt (Kraßnitzer, 2009).

Erstlingskühe zeigen eine kürzere Trächtigkeitsdauer, als Kühe mit mehreren Abkalbungen, weiters wird von einem Zusammenhang zwischen Kalbealter und Trächtigkeitsdauer berichtet (Atteneder, 2007; Kraßnitzer, 2009).

In der Arbeit von Kraßnitzer (2009) wurde ein Einfluss des Kalbemonats auf die Trächtigkeitsdauer bei Braunvieh aus Österreich nachgewiesen.

Von Eaglen et al. (2013) wurde ein Einfluss der Trächtigkeitsdauer auf die Fruchtbarkeit, die Leistung und Typmerkmale festgestellt. Eine schwierige Geburt wirkt sich direkt mit einer schlechteren Milch- und Proteinleistung und einer höheren Non-return-Rate aus. Eine zu lange Trächtigkeitsdauer wirkt sich ebenfalls negativ auf die direkten Effekte aus, mit weniger Milch- und Proteinleistung.

Heritabilitäten

In Tabelle 1 ist eine Auflistung von Heritabilitäten aus anderen Arbeiten ersichtlich. Die direkten Heritabilitäten sind in einem Bereich von 0,24 bis 0,769 angesiedelt, maternale Heritabilitäten für dieses Merkmal sind deutlich geringer und reichen von 0,002 bis 0,10.

Tab. 1: Geschätzte Heritabilitäten aus der Literatur für Trächtigkeitsdauer

Merkmal	Literatur	h²	Rasse und Land
Direkt alle Laktationen	Hansen et al., 2004	0,426	Holstein (Dänemark)
	Manatrinon et al., 2009	0,24	Kärntner Blondvieh (Österreich)
		0,51	Murbodner (Österreich)
		0,49	Waldviertler Blondvieh (Österreich)
	Eaglen et al., 2013	0,49	Holstein (Großbritannien)
	Cervantes et al., 2010	0,331	Austuriana de los Valles Fleischrind (Spanien)
	Mujibi et al., 2009	0,62	Charolais (Kanada)
Direkt 1.Laktation	Kraßnitzer, 2009	0,769	Holstein (Österreich)
		0,455	Braunvieh (Österreich)
	Eaglen et al., 2012	0,57	Holstein (Großbritannien)
	Pelt et al., 2007	0,391	Holstein (Niederlande)
Direkt >1. Laktation	Kraßnitzer, 2009	0,647	Holstein (Österreich)
		0,546	Braunvieh (Österreich)
	Eaglen et al., 2012	0,41	Holstein (Großbritannien)
	Pelt et al., 2007	0,405	Holstein (Niederlande)
Maternal alle Laktationen	Hansen et al., 2004	0,075	Holstein (Dänemark)
	Manatrinon et al., 2009	0,004	Kärntner Blondvieh (Österreich)
		0,002	Murbodner (Österreich)
		0,063	Waldviertler Blondvieh (Österreich)
	Eaglen et al., 2013	0,09	Holstein (Großbritannien)
	Cervantes et al., 2010	0,066	Austuriana de los Valles Fleischrind (Spanien)
	Mujibi et al., 2009	0,10	Charolais (Kanada)
Maternal 1. Laktation	Kraßnitzer, 2009	0,048	Holstein (Österreich)
		0,033	Braunvieh (Österreich)
	Eaglen et al., 2012	0,07	Holstein (Großbritannien)
	Pelt et al., 2007	0,062	Holstein (Niederlande)
Maternal >1. Laktation	Kraßnitzer, 2009	0,077	Holstein (Österreich)
		0,037	Braunvieh (Österreich)

Eaglen et al., 2012	0,07	Holstein (Großbritannien)
Pelt et al., 2007	0,048	Holstein (Niederlande)

Genetische Korrelationen

In Tabelle 2 sind genetische Korrelationen für das Merkmal Trächtigkeitsdauer dargestellt. Weiters sind die genetischen Korrelationen zwischen Trächtigkeitsdauer und Kalbeverlauf und Trächtigkeitsdauer und Totgeburtenrate angegeben.

Tab. 2: Genetische Korrelationen Für Trächtigkeitsdauer aus der Literatur

Merkmal		Literatur	r_G	Rasse und Land
Trächtigkeitsdauer - Trächtigkeitsdauer	direkt - maternal	Hansen et al., 2004	-0,13	Holstein (Dänemark)
		Manatrinon et al., 2009	0,369	Kärntner Blondvieh (Österreich)
			0,891	Murbodner (Österreich)
			0,838	Waldviertler Blondvieh (Österreich)
		Cervantes et al., 2010	-0,461	Austuriana de los Valles Fleischrind (Spanien)
	1.Laktation	Eaglen et al., 2012	-0,23	Holstein (Großbritannien)
		Kraßnitzer, 2009	-0,71	Holstein (Österreich)
			-0,165	Braunvieh (Österreich)
	>1. Laktation	Eaglen et al., 2012	0,01	Holstein (Großbritannien)
		Kraßnitzer, 2009	-0,399	Holstein (Österreich)
			-0,416	Braunvieh (Österreich)
Trächtigkeitsdauer - Kalbeverlauf	direkt - direkt	Manatrinon et al., 2009	-0,943	Kärntner Blondvieh (Österreich)
			0,520	Murbodner (Österreich)
			0,707	Waldviertler Blondvieh (Österreich)
		Hansen et al., 2004	0,38	Holstein (Dänemark)
		Cervantes et al., 2010	0,389	Austuriana de los Valles Fleischrind (Spanien)
	1.Laktation	Eaglen et al., 2012	0,18	Holstein (Großbritannien)
		Kraßnitzer, 2009	0,871	Holstein (Österreich)
			0,309	Braunvieh (Österreich)
	>1. Laktation	Eaglen et al., 2012	0,50	Holstein (Großbritannien)
		Kraßnitzer, 2009	0,793	Holstein (Österreich)
			-0,491	Braunvieh (Österreich)
	maternal - maternal	Manatrinon et al., 2009	0,425	Kärntner Blondvieh (Österreich)
			0,590	Murbodner (Österreich)
			-0,490	Waldviertler Blondvieh (Österreich)
		Hansen et al., 2004	0,04	Holstein (Dänemark)
		Cervantes et al., 2010	0,277	Austuriana de los Valles Fleischrind (Spanien)
	1.Laktation	Eaglen et al., 2012	-0,15	Holstein (Großbritannien)
		Kraßnitzer, 2009	0,444	Holstein (Österreich)

6

Merkmal	Korrelation	Quelle	Wert	Rasse
	>1. Laktation	Eaglen et al., 2012	0,913	Braunvieh (Österreich)
			-0,24	Holstein (Großbritannien)
		Kraßnitzer, 2009	0,463	Holstein (Österreich)
			-0,472	Braunvieh (Österreich)
	direkt - maternal	Hansen et al., 2004	-0,01	Holstein (Dänemark)
	1.Laktation	Eaglen et al., 2012	0,09	Holstein (Großbritannien)
		Kraßnitzer, 2009	-0,693	Holstein (Österreich)
			-0,132	Braunvieh (Österreich)
	>1. Laktation	Eaglen et al., 2012	0,04	Holstein (Großbritannien)
		Kraßnitzer, 2009	-0,428	Holstein (Österreich)
			0,163	Braunvieh (Österreich)
	maternal - direkt	Hansen et al., 2004	0,04	Holstein (Dänemark)
	1.Laktation	Eaglen et al., 2012	0,09	Holstein (Großbritannien)
		Kraßnitzer, 2009	-0,577	Holstein (Österreich)
			-0,894	Braunvieh (Österreich)
	>1. Laktation	Eaglen et al., 2012	-0,27	Holstein (Großbritannien)
		Kraßnitzer, 2009	-0,764	Holstein (Österreich)
			-0,53	Braunvieh (Österreich)
Trächtigkeitsdauer - Totgeburten	direkt - direkt	Manatrinon et al., 2009	-0,120	Kärntner Blondvieh (Österreich)
			0,584	Murbodner (Österreich)
			0,253	Waldviertler Blondvieh (Österreich)
		Hansen et al., 2004	0,18	Holstein (Dänemark)
	1.Laktation	Eaglen et al., 2012	-0,06	Holstein (Großbritannien)
		Kraßnitzer, 2009	0,254	Holstein (Österreich)
			0,467	Braunvieh (Österreich)
	>1. Laktation	Eaglen et al., 2012	-0,08	Holstein (Großbritannien)
		Kraßnitzer, 2009	-0,033	Holstein (Österreich)
			0,690	Braunvieh (Österreich)
	maternal - maternal	Manatrinon et al., 2009	-0,349	Kärntner Blondvieh (Österreich)
			-0,546	Murbodner (Österreich)
			-0,732	Waldviertler Blondvieh (Österreich)
		Hansen et al., 2004	-0,04	Holstein (Dänemark)
	1.Laktation	Eaglen et al., 2012	0,65	Holstein (Großbritannien)
		Kraßnitzer, 2009	0,382	Holstein (Österreich)
			0,878	Braunvieh (Österreich)
	>1. Laktation	Eaglen et al., 2012	-0,06	Holstein (Großbritannien)
		Kraßnitzer, 2009	0,344	Holstein (Österreich)
			0,274	Braunvieh (Österreich)
	direkt - maternal	Hansen et al., 2004	0,14	Holstein (Dänemark)
	1.Laktation	Eaglen et al., 2012	-0,30	Holstein (Großbritannien)
		Kraßnitzer, 2009	-0,125	Holstein (Österreich)
			-0,618	Braunvieh (Österreich)
	>1. Laktation	Eaglen et al., 2012	-0,30	Holstein (Großbritannien)
		Kraßnitzer, 2009	-0,967	Holstein (Österreich)
			-0,874	Braunvieh (Österreich)

maternal - direkt	Hansen et al., 2004	-0,06	Holstein (Dänemark)
1.Laktation	Eaglen et al., 2012	-0,15	Holstein (Großbritannien)
	Kraßnitzer, 2009	-0,326	Holstein (Österreich)
		0,795	Braunvieh (Österreich)
>1. Laktation	Eaglen et al., 2012	-0,24	Holstein (Großbritannien)
	Kraßnitzer, 2009	0,236	Holstein (Österreich)
		-0,384	Braunvieh (Österreich)

2.3 Kalbeverlauf

In Österreich wird für die Erfassung des Kalbeverlaufs eine 5-stufige Einteilung der ZAR (Zentrale Arbeitsgemeinschaft österreichischer Rinderzüchter) verwendet (Fürst, 2013).

5-stufige Einteilung (Fürst, 2013; ZuchtData, 2013):

1. Leichtgeburt (keine Geburtshilfe erforderlich)
2. Normalgeburt (Geburtshilfe von einer Person erforderlich)
3. Schwergeburt (Geburtshilfe von mehr als einer Person oder mechanischer Geburtshelfer erforderlich)
4. Kaiserschnitt
5. Embryotomie (Zerstückeln des Kalbes)

Für die Zuchtwertschätzung werden Kaiserschnitt (Klasse 4) und Embryotomie (Klasse 5) in Klasse 4 zusammengefasst (Fürst, 2013).

Der Kalbeverlauf spielt in der Milchviehhaltung eine sehr große Rolle, nicht nur in Bezug auf die Wirtschaftlichkeit, sondern auch in Bezug auf das Tierwohl. Dieser wird von zwei Seiten beeinflusst, der direkten (Kalb) und der maternalen (Kuh), aus Sicht des Kalbes ist der maternale Effekt rein umweltbedingt (Eaglen et al., 2009).

Das Geschlecht und das Gewicht des Kalbes haben einen Einfluss auf den Kalbeverlauf, weil mit zunehmendem Gewicht des Kalbes, der Anteil an Schwergeburten zunimmt (Atteneder, 2007; Kraßnitzer, 2009).

Das Alter der Kuh bei der Geburt hat einen Einfluss auf den Kalbeverlauf, Eaglen et al. (2009) beschreibt, dass ältere Tiere aufgrund einer längeren Trächtigkeitsdauer einen schwierigeren Kalbeverlauf aufweisen. Bei einer zu langen Trächtigkeitsdauer kommt es häufiger zu Schwergeburten, als bei kürzeren Trächtigkeitsdauern. Weiters wird angegeben, dass Kalbeschwierigkeiten bei höherem Alter mit schlechter Fruchtbarkeit der Tiere in Verbindung stehen, was durch längere Zwischenkalbezeiten und Schwergeburten wegen des höheren Alters beeinflusst wird.

Bei Erstlingskühen treten gehäuft Schwergeburten auf, auch ein geringes Erstkalbealter von 19 bis 22 Monaten führt vermehrt zu schwierigeren Geburten (Kraßnitzer, 2009).

Ergebnisse von Eaglen et al., 2013 zeigen, dass die Trächtigkeitsdauer bei erstlaktierenden Holsteinkühen in Großbritannien einen Einfluss auf den Kalbeverlauf hat. In dieser Arbeit wurden weitere Merkmale, wie Typ, Merkmale für die Milchproduktion und Fruchtbarkeit berücksichtigt. Die Körperform und Körpertiefe, sowie Körperbreite haben einen Einfluss auf den Kalbeverlauf. Kühe, welche vermehrt Schwergeburten aufwiesen, haben hohe Leistungen, einen breiten, tiefen Körperbau und eine geringere Wahrscheinlichkeit trächtig zu werden (schlechte Fruchtbarkeit).

Von Eaglen et al. (2009) wird beschrieben, dass der Kalbemonat einen Einfluss auf den Kalbeverlauf hat. Dies wird von Fürst (2013) ebenfalls bestätigt, jedoch mit einem geringeren Einfluss als die Merkmale Laktationsnummer und Geschlecht des Kalbes.

Von Fürst (2013) wird beschrieben, dass die Laktationsnummer einen Einfluss auf den Kalbeverlauf hat und das Geschlecht des Kalbes ebenfalls den Kalbeverlauf beeinflusst. In Abbildung 2 ist ersichtlich, dass bei der ersten Abkalbung häufiger Schwergeburten auftreten, als bei weiteren Abkalbungen.

Abb. 2: Effekt der Laktationsnummer auf die transformierte Kalbeverlaufsklasse (Fleckvieh) (Fürst, 2013)

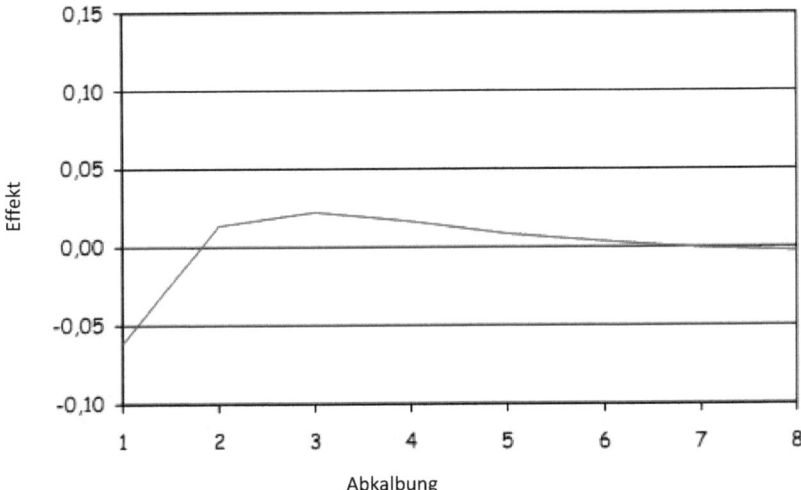

In Abbildung 3 ist der genetische Trend für Kalbeverlauf und Totgeburten von Fleckviehstieren dargestellt. Eingeteilt werden die Stiere nach ihrem Geburtsjahr und dargestellt ist der genetische Trend des Zuchtwerts. In der Abbildung ist der Trend für Kalbeverlauf direkt (KVLp), Kalbeverlauf maternal (KVLm), Totgeburtenrate direkt (TOTp) und Totgeburtenrate maternal (TOTm) enthalten.

10

Abb. 3: Genetischer Trend für Kalbeverlauf und Totgeburten von Fleckviehstieren (Fürst, 2013)

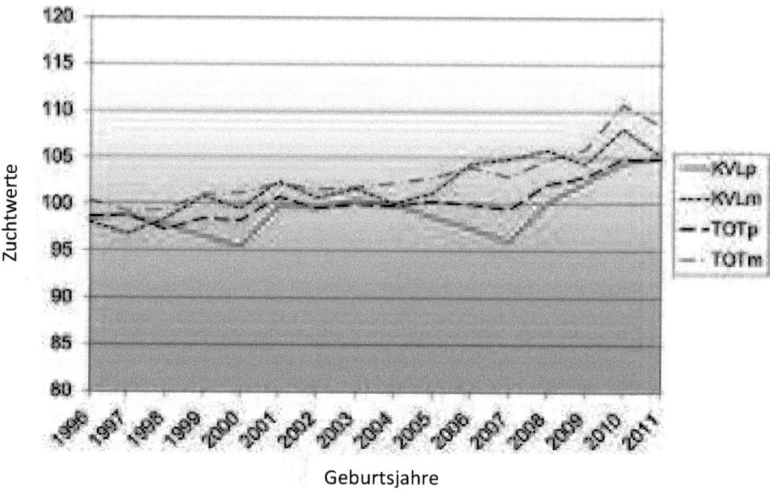

Geburtsjahre

In Tabelle 3 ist eine Auflistung von Kalbeverlaufsverteilungen von verschiedenen Rassen aus der verwendeten Literatur dargestellt. Es ist ersichtlich, das der Kalbeverlauf innerhalb der Rasse stark variieren kann, es sind zum Teil große Unterschiede zwischen den Rassen ersichtlich.

Tab. 3: Auflistung von Kalbeverlauf, aus der Literatur von Klasse 1 bis 5, für verschiedene Rassen

Rasse	Verwendete Literatur	1	2	3	4	5
Fleckvieh	ZuchtData, 2013	48,27	48,29	3,31	0,11	0,01
	Kraßnitzer, 2009	38,80	57,30	3,79	0,11	4 + 5
1.Laktation	Kraßnitzer, 2009	32,25	60,63	6,89	0,23	4 + 5
Höhere Laktationen	Kraßnitzer, 2009	41,37	55,99	2,57	0,06	4 + 5
Holstein	ZuchtData, 2013	50,54	46,75	2,65	0,05	0,02
	Eaglen et al., 2012	79,03	18,54	2,20	0,50	k.A.
	Eaglen et al., 2009	42,07	50,17	7,46	0,29	k.A.
	Kraßnitzer, 2009	45,19	52,04	2,71	0,05	4 + 5
1.Laktation	Pelt et al., 2007	43,20	45,60	10,60	0,60	k.A.
	Eaglen et al., 2012	71,67	24,33	3,33	0,67	k.A.
	Kraßnitzer, 2009	37,05	57,80	5,05	0,10	4+ 5
Höhere Laktationen	Pelt et al., 2007	53,10	41,90	4,80	0,20	k.A.
	Eaglen et al., 2012	83,12	14,99	1,51	0,38	k.A.
	Kraßnitzer, 2009	48,88	49,43	1,66	0,03	4 + 5
Braunvieh	ZuchtData, 2013	55,92	41,16	2,75	0,13	0,03
	Kraßnitzer, 2009	48,57	49,20	2,15	0,09	4 + 5
1.Laktation	Kraßnitzer, 2009	43,56	53,00	3,31	0,13	4 + 5
Höhere Laktationen	Kraßnitzer, 2009	50,54	47,70	1,69	0,07	4 + 5
Pinzgauer	ZuchtData, 2013	37,47	59,61	2,72	0,19	0,02
	Kraßnitzer, 2009	24,36	72,80	2,65	0,18	4 + 5
1.Laktation	Kraßnitzer, 2009	18,45	77,03	4,17	0,36	4 + 5
Höhere Laktationen	Kraßnitzer, 2009	27,10	70,85	1,95	0,10	4 + 5

Grauvieh	ZuchtData, 2013	48,48	48,23	3,17	0,11	0,00
	Kraßnitzer, 2009	41,44	56,15	2,33	0,08	4 + 5
1.Laktation	Kraßnitzer, 2009	34,74	61,07	4,02	0,17	4 + 5
Höhere Laktationen	Kraßnitzer, 2009	43,64	54,53	1,78	0,05	4 + 5
Murbodner	Eaglen, Fürst-Waltl, et al., 2013	70,38	23,94	5,43	0,25	k.A.
	Manatrinon et al., 2009	84,10	8,70	0,60	2,80	k.A.
Waldviertler Blondvieh	Manatrinon et al., 2009	84,10	11,20	0,40	3,30	k.A.
Kärntner Blondvieh	Manatrinon et al., 2009	86,70	7,00	0,09	4,00	k.A.
Asturiana de los Valles Fleischrind	Cervantes et al., 2010	45,30	44,20	8,00	2,50	k.A.
Charolais	Mujibi et al., 2009	71,87	20,72	3,96	2,12	1,34

k.A. in Klasse 5 bedeutet, dass zu dieser Klasse keine Angaben in der jeweiligen Literatur gefunden wurde. In der Arbeit von Kraßnitzer, 2009 wurden die Klassen 4 und 5 in Klasse 4 zusammenfasst.

Ein Überblick über die aktuellen Werte für Schwer- und Totgeburten in der österreichischen Rinderpopulation ist in Tabelle 4 dargestellt.

Tab. 4: Schwergeburten und Totgeburtenrate (in %), alle Laktationen und 1. Laktation (ZuchtData, 2013)

Rasse	Jahr	alle Lakt. SG	alle Lakt. Tot	1. Lakt. SG	1. Lakt. TOT
Fleckvieh	2011	3,35	3,72	5,81	4,70
	2012	3,39	3,91	5,88	4,92
	2013	3,44	3,72	5,85	4,43
Braunvieh	2011	2,38	3,99	3,22	4,38
	2012	2,70	4,40	3,77	4,99
	2013	2,92	4,49	3,93	4,93
Holstein	2011	2,80	6,29	5,16	10,07
	2012	2,77	6,61	5,05	10,71
	2013	2,71	6,49	4,90	10,66
Pinzgauer	2011	3,01	4,18	4,60	5,38
	2012	3,23	4,43	5,45	5,77
	2013	2,92	3,88	4,86	5,05
Grauvieh	2011	2,99	2,23	5,82	3,27
	2012	3,90	2,46	8,21	2,79
	2013	3,29	1,94	5,29	2,46
Gesamt	2011	3,17	3,98	5,37	5,22
	2012	3,26	4,21	5,53	5,56
	2013	3,31	4,04	5,49	5,16

SG= Schwergeburten (Kalbeverlauf 3-5), TOT= Totgeburten

Heritabilitäten

In der nachfolgenden Tabelle 5 ist eine Auflistung von Heritabilitäten aus verschiedenen Arbeiten ersichtlich. Die direkten Heritabilitäten liegen in einem Bereich von 0,002 bis 0,325, die maternalen Heritabilitäten für dieses Merkmal reichen von 0,002 bis 0,11.

Tab. 5: Geschätzte Heritabilitäten aus der Literatur für Kalbeverlauf

Merkmal	Literatur	h^2	Rasse und Land
Direkt alle Laktationen	Hansen et al., 2004	0,104	Holstein (Dänemark)
	Manatrinon et al., 2009	0,003	Kärntner Blondvieh (Österreich)
		0,11	Murbodner (Österreich)
		0,019	Waldviertler Blondvieh (Österreich)
	Eaglen et al., 2013	0,10	Holstein (Großbritannien)
	Cervantes et al., 2010	0,325	Asturiana de los Valles Fleischrind (Spanien)
	Eaglen, Fürst-Waltl, et al., 2013	0,18	Murbodner (Österreich)
	Heringstad et al., 2007	0,13	Norwegian Red (Norwegen)
Direkt 1. Laktation	Fürst & Fürst-Waltl, 2006	0,09	Fleckvieh, Braunvieh (Österreich, Deutschland)
	Kraßnitzer, 2009	0,038	Holstein (Österreich)
		0,005	Braunvieh (Österreich)
	Steinbock et al., 2003	0,062	Holstein (Schweden)
	Eaglen et al., 2012	0,12	Holstein (Großbritannien)
	Pelt et al., 2007	0,068	Holstein (Niederlande)
	Cue and Hayes, 1985	0,049	Holstein (Kanada)
Direkt >1. Laktation	Fürst & Fürst-Waltl, 2006	0,03	Fleckvieh, Braunvieh (Österreich, Deutschland)
	Kraßnitzer, 2009	0,037	Holstein (Österreich)
		0,002	Braunvieh (Österreich)
	Steinbock et al., 2003	0,004	Holstein (Schweden)
	Eaglen et al., 2012	0,03	Holstein (Großbritannien)
	Pelt et al., 2007	0,052	Holstein (Niederlande)
	Cue and Hayes, 1985	0,011	Holstein (Kanada)
Maternal alle Laktationen	Hansen et al., 2004	0,064	Holstein (Dänemark)
	Manatrinon et al., 2009	0,006	Kärntner Blondvieh (Österreich)
		0,009	Murbodner (Österreich)
		0,006	Waldviertler Blondvieh (Österreich)
	Eaglen et al., 2013	0,04	Holstein (Großbritannien)
	Cervantes et al., 2010	0,066	Austuriana de los Valles Fleischrind (Spanien)
	Eaglen, Fürst-Waltl, et al., 2013	0,11	Murbodner (Österreich)
	Heringstad et al., 2007	0,09	Norwegian Red (Norwegen)
Maternal 1. Laktation	Fürst & Fürst-Waltl, 2006	0,04	Fleckvieh, Braunvieh (Österreich, Deutschland)
	Kraßnitzer, 2009	0,017	Holstein (Österreich)
		0,021	Braunvieh (Österreich)
	Steinbock et al., 2003	0,048	Holstein (Schweden)

	Eaglen et al., 2012	0,05	Holstein (Großbritannien)
	Pelt et al., 2007	0,048	Holstein (Niederlande)
	Cue and Hayes, 1985	0,048	Holstein (Kanada)
Maternal >1. Laktation	Fürst & Fürst-Waltl, 2006	0,02	Fleckvieh, Braunvieh (Österreich, Deutschland)
	Kraßnitzer, 2009	0,021	Holstein (Österreich)
		0,005	Braunvieh (Österreich)
	Steinbock et al., 2003	0,002	Holstein (Schweden)
	Eaglen et al., 2012	0,02	Holstein (Großbritannien)
	Pelt et al., 2007	0,035	Holstein (Niederlande)
	Cue and Hayes, 1985	0,007	Holstein (Kanada)

Genetische Korrelationen

In Tabelle 6 sind Genetische Korrelationen für das Merkmal Kalbeverlauf dargestellt.

Tab. 6: Genetische Korrelationen für das Merkmal Kalbeverlauf aus der Literatur

Merkmal		Literatur	r_G	Rasse und Land
Kalbeverlauf - Kalbeverlauf	direkt - maternal	Hansen et al., 2004	0,13	Holstein (Dänemark)
		Manatrinon et al., 2009	-0,039	Kärntner Blondvieh (Österreich)
			-0,154	Murbodner (Österreich)
			-0,480	Waldviertler Blondvieh (Österreich)
		Cervantes et al., 2010	-0,585	Austuriana de los Valles Fleischrind (Spanien)
		Heringstad et al., 2007	-0,03	Norwegian Red (Norwegen)
	1.Laktation	Eaglen et al., 2012	-0,53	Holstein (Großbritannien)
		Fürst & Fürst-Waltl, 2006	-0,26	Fleckvieh, Braunvieh (Österreich, Deutschland)
		Kraßnitzer, 2009	-0,437	Holstein (Österreich)
			-0,585	Braunvieh (Österreich)
	>1. Laktation	Eaglen et al., 2012	-0,27	Holstein (Großbritannien)
		Fürst & Fürst-Waltl, 2006	-0,52	Fleckvieh, Braunvieh (Österreich, Deutschland)
		Kraßnitzer, 2009	-0,731	Holstein (Österreich)
			-0,678	Braunvieh (Österreich)
	1.Laktation - >1. Laktation	Fürst & Fürst-Waltl, 2006	-0,35	Fleckvieh, Braunvieh (Österreich, Deutschland)
	maternal - maternal 1.Laktation - >1. Laktation	Fürst & Fürst-Waltl, 2006	0,80	Fleckvieh, Braunvieh (Österreich, Deutschland)
	direkt - direkt 1.Laktation - >1. Laktation	Fürst & Fürst-Waltl, 2006	0,80	Fleckvieh, Braunvieh (Österreich, Deutschland)

2.4   Totgeburtenrate

Dieses Merkmal ist ein routinemäßig erfasstes Ja/Nein-Merkmal. Als Totgeburt wird definiert, wenn ein Kalb tot geboren wurde oder innerhalb von 48 Stunden nach der Geburt verendet ist. Aus tierärztlicher Sicht ist der Tod von Kälbern innerhalb der ersten 48 Stunden nicht auf eine Infektion nach der Geburt zurückzuführen. Tiere, welche innerhalb von 2 Tagen nach der Geburt abgegangen sind und nicht als verendet oder tot geboren gemeldet werden, werden vom System als verendet erfasst, durch diese Annahme steigt der Anteil an Totgeburten zum Teil um mehr als 1% pro Jahr. Es werden nur Kalbungen berücksichtigt, welche die gleiche Vater- und Mutterrasse aufweisen, also keine Kreuzungstiere (Fürst, 2013; ZuchtData, 2013).

Bei der Rasse Murbodner stellte Eaglen, Fürst-Waltl, et al. (2013) eine Totgeburtenrate von 3,3% über alle Laktationen fest, am höchsten war diese bei der ersten Kalbung mit 6,93%. Manatrinon et al. (2009) untersuchte ebenfalls die Rasse Murbodner und ermittelte eine Totgeburtenrate von 0,16%. Zusätzlich wurden in dieser Arbeit die Rassen Kärntner Blondvieh mit einer Totgeburtenrate von 0,32% und die Rasse Waldviertler Blondvieh mit einer Totgeburtenrate von 0,04% untersucht. Eaglen et al., 2012 untersuchte die Rasse Holstein in Großbritannien und stellte eine Totgeburtenrate von 11,6% für Erstkalbskühe fest, für folgende Abkalbungen war die Rate etwas niedriger mit 4,3%, über alle Laktationen konnte ein Wert von 6% ermittelt werden. Steinbock et al. (2003) ermittelte für Kühe mit einer Abkalbung der Rasse Holstein in Schweden eine Totgeburtenrate von 7,1%, für Tiere mit zwei Abkalbungen wurde ein Wert von 2,7% ermittelt. Im Jahresbericht von ZuchtData (2013) wird für die österreichische Rinderpopulation der Rasse Fleckvieh eine Totgeburtenrate von 3,72% (0,67% tot geboren und 3,05 verendet innerhalb von 48 Stunden nach der Geburt) über alle Laktationen und für Erstkalbende von 4,43% angegeben. Holstein zeigt eine deutlich höhere Rate von 6,49% (1,18% tot geboren und 5,31 verendet) über alle Laktationen und 10,66% für Kühe mit einer Abkalbung. Die Werte für Braunvieh und Pinzgauer liegen zwischen den Werten von Fleckvieh und Holstein. Den kleinsten Wert weist die Rasse Grauvieh auf mit einer Totgeburtenrate von 1,94% über alle Laktationen und einem Wert von 2,46% für erstlaktierende Kühe. Die Totgeburtenrate für die gesamte österreichische Rinderpopulation ergibt für alle Laktationen einen Wert von 4,04% und für Estlingskühe einen Wert von 5,16%. In der Arbeit von Kraßnitzer (2009) beträgt die Totgeburtenrate bei der Rasse Fleckvieh für alle Laktationen 1,51%, für Erstlingskühe 3,26% und für ältere Kühe 0,83%. Heringstad et al. (2007) beschreibt für die Rasse Norwegian Red eine Totgeburtenrate von 2% für alle Laktationen und für die erstlaktierenden Kühe von 3%, für Tiere ab der zweiten Abkalbung 1,5%.

Ersichtlich ist, das bei erstkalbenden Kühen eine höhere Totgeburtenrate gegeben ist (Kraßnitzer, 2009; Eaglen et al., 2012; Eaglen, Fürst-Waltl, et al., 2013; ZuchtData, 2013).

Es wird von einer geringeren Totgeburtenrate berichtet, wenn das Erstkalbealter steigt, weiters gibt es Unterschiede welche durch das Geschlecht des Kalbes hervorgerufen werden, hier wird eine geringere Totgeburtenrate von weiblichen Kälbern angeführt (Steinbock et al., 2003). In dieser Arbeit wird ein Einfluss des Kalbemonats auf die Totgeburtenrate gezeigt, bei dem eine geringere Totgeburtenrate während der Sommermonate von Mai bis September auf der Weide beschrieben wird, ähnlich verhält sich die Schwergeburtenrate. In der Arbeit von Kraßnitzer (2009) wird von einer höheren Totgeburtenrate in den Wintermonaten berichtet.

In der Abbildung 4 von Hansen et al. (2004) ist ersichtlich, dass kein linearer Zusammenhang zwischen Trächtigkeitsdauer und der Häufigkeit von Totgeburten besteht und dass sowohl eine zu kurze als auch eine zu lange Trächtigkeitsdauern eine erhöhte Totgeburtenrate aufweisen. Ähnliche Ergebnisse über diesen Zusammenhang konnten in der Arbeit von Eaglen et al. (2012) bestätigt werden, welche in Abbildung 5 zu sehen sind.

Abb. 4: Anzahl der Beobachtungen und die Häufigkeit von Totgeburten in Abhängigkeit von der Trächtigkeitsdauer (Hansen et al., 2004)

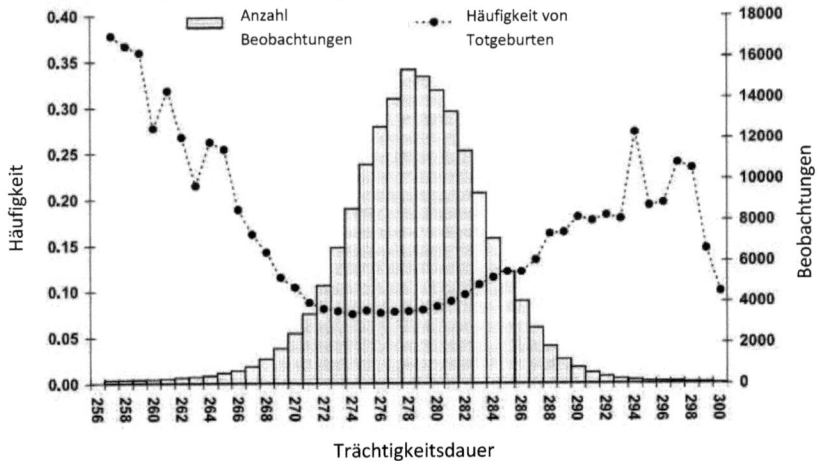

Abb. 5: Anzahl der Beobachtungen und die Häufigkeit von Totgeburten in Abhängigkeit von der Trächtigkeitsdauer (Eaglen et al., 2012)

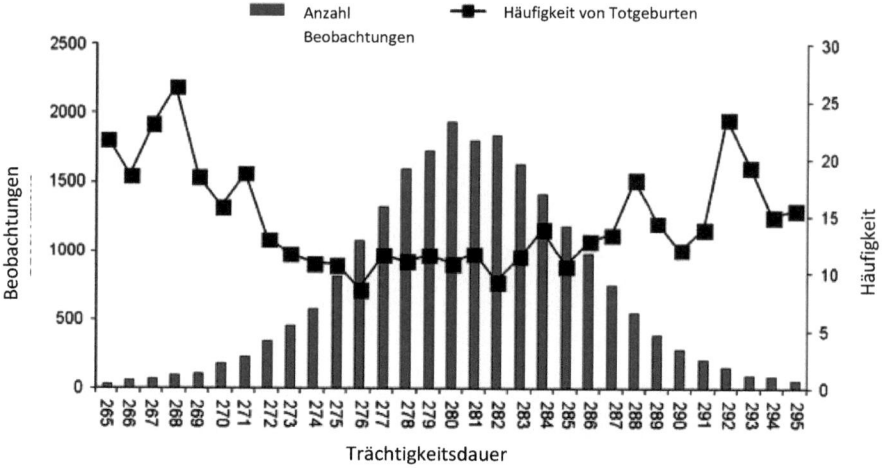

Nach Eaglen et al. (2012) weisen Totgeburtenrate und Kalbeverlauf bei Holstein in Großbritannien eine hohe genetische Korrelation auf. Trächtigkeitsdauer, Totgeburtenrate und Kalbeverlauf weisen nur eine mittlere bis geringe genetische Korrelation auf. Die direkte und maternale Korrelation zwischen den Merkmalen Totgeburtenrate und Kalbeverlauf waren für die erste Abkalbung hoch und negativ, für die weiteren Abkalbungen im mittleren Bereich aber positiv. Für Trächtigkeitsdauer und Totgeburtenrate konnte eine positive mittlere genetische Korrelation für die maternalen Effekte in der ersten Abkalbung ermittelt werden. Das bedeutet, dass eine Kuh mit einer längeren Trächtigkeitsdauer eine höhere Wahrscheinlichkeit für ein tot geborenes Kalb aufweist und umgekehrt.

In Abbildung 3, in Kapitel 2.3 Kalbeverlauf, ist der genetische Trend der Fleckvieh Stiere für die Merkmale direkter Kalbeverlauf (KVLp) und den maternaler Kalbeverlauf (KVLm) ersichtlich.

Heritabilitäten

In Tabelle 7 ist eine Auflistung von Heritabilitäten aus der Literatur dargestellt. Die direkten Heritabilitäten befinden sich in einem Bereich von 0,001 bis 0,07, die maternalen Heritabilitäten für dieses Merkmal liegen in einem Bereich von 0,001 bis 0,08.

Tab. 7: Geschätzte Heritabilitäten aus der Literatur für Totgeburtenrate

Merkmal	Literatur	h^2	Rasse und Land
Direkt alle Laktationen	Hansen et al., 2004	0,05	Holstein (Dänemark)
	Manatrinon et al., 2009	0,044	Kärntner Blondvieh (Österreich)
		0,007	Murbodner (Österreich)
		0,006	Waldviertler Blondvieh (Österreich)
	Eaglen, Fürst-Waltl, et al., 2013	0,05	Murbodner (Österreich)
	Heringstad et al., 2007	0,07	Norwegian Red (Norwegen)
Direkt 1. Laktation	Fürst & Fürst-Waltl, 2006	0,02	Fleckvieh, Braunvieh (Österreich, Deutschland)
	Kraßnitzer, 2009	0,024	Holstein (Österreich)
		0,007	Braunvieh (Österreich)
	Eaglen et al., 2012	0,02	Holstein (Großbritannien)
	Steinbock et al., 2003	0,038	Holstein (Schweden)
Direkt >1. Laktation	Fürst & Fürst-Waltl, 2006	0,01	Fleckvieh, Braunvieh (Österreich, Deutschland)
	Kraßnitzer, 2009	0,009	Holstein (Österreich)
		0,001	Braunvieh (Österreich)
	Eaglen et al., 2012	0,02	Holstein (Großbritannien)
	Steinbock et al., 2003	0,007	Holstein (Schweden)
Maternal alle Laktationen	Hansen et al., 2004	0,057	Holstein (Dänemark)
	Manatrinon et al., 2009	0,014	Kärntner Blondvieh (Österreich)
		0,004	Murbodner (Österreich)
		0,007	Waldviertler Blondvieh (Österreich)
	Eaglen, Fürst-Waltl, et al., 2013	0,02	Murbodner (Österreich)
	Heringstad et al., 2007	0,08	Norwegian Red (Norwegen)
Maternal 1. Laktation	Fürst & Fürst-Waltl, 2006	0,02	Fleckvieh, Braunvieh (Österreich, Deutschland)
	Kraßnitzer, 2009	0,037	Holstein (Österreich)
		0,009	Braunvieh (Österreich)
	Eaglen et al., 2012	0,03	Holstein (Großbritannien)
	Steinbock et al., 2003	0,028	Holstein (Schweden)
Maternal >1. Laktation	Fürst & Fürst-Waltl, 2006	0,01	Fleckvieh, Braunvieh (Österreich, Deutschland)
	Kraßnitzer, 2009	0,002	Holstein (Österreich)
		0,001	Braunvieh (Österreich)
	Eaglen et al., 2012	0,02	Holstein (Großbritannien)
	Steinbock et al., 2003	0,004	Holstein (Schweden)

Genetische Korrelationen

In Tabelle 8 sind genetische Korrelationen für das Merkmal Totgeburtenrate und zwischen den Merkmalen Totgeburtenrate und Kalbeverlauf dargestellt.

Tab. 8: Genetische Korrelationen für das Merkmal Totgeburtenrate aus der Literatur

Merkmal		Literatur	r_G	Rasse und Land
Totgeburten - Totgeburten	direkt - maternal	Hansen et al., 2004	-0,04	Holstein (Dänemark)
		Manatrinon et al., 2009	-0,512	Kärntner Blondvieh (Österreich)
			-0,869	Murbodner (Österreich)
			-0,847	Waldviertler Blondvieh (Österreich)
		Heringstad et al., 2007	-0,02	Norwegian Red (Norwegen)
	1.Laktation	Eaglen et al., 2012	0,37	Holstein (Großbritannien)
		Fürst & Fürst-Waltl, 2006	-0,04	Fleckvieh, Braunvieh (Österreich, Deutschland)
		Kraßnitzer, 2009	-0,584	Holstein (Österreich)
			0,703	Braunvieh (Österreich)
	>1. Laktation	Eaglen et al., 2012	-0,88	Holstein (Großbritannien)
		Fürst & Fürst-Waltl, 2006	-0,10	Fleckvieh, Braunvieh (Österreich, Deutschland)
		Kraßnitzer, 2009	-0,217	Holstein (Österreich)
			0,955	Braunvieh (Österreich)
	1.Laktation - >1. Laktation	Fürst & Fürst-Waltl, 2006	-0,06	Fleckvieh, Braunvieh (Österreich, Deutschland)
	maternal - maternal 1.Laktation - >1. Laktation	Fürst & Fürst-Waltl, 2006	0,80	Fleckvieh, Braunvieh (Österreich, Deutschland)
	direkt - direkt 1.Laktation - >1. Laktation	Fürst & Fürst-Waltl, 2006	0,80	Fleckvieh, Braunvieh (Österreich, Deutschland)
Totgeburten - Kalbeverlauf	direkt - direkt	Manatrinon et al., 2009	-0,077	Kärntner Blondvieh (Österreich)
			0,700	Murbodner (Österreich)
			0,465	Waldviertler Blondvieh (Österreich)
		Hansen et al., 2004	-0,04	Holstein (Dänemark)
		Heringstad et al., 2007	0,79	Norwegian Red (Norwegen)
	1.Laktation	Eaglen et al., 2012	0,84	Holstein (Großbritannien)
		Fürst & Fürst-Waltl, 2006	0,70	Fleckvieh, Braunvieh (Österreich, Deutschland)
		Kraßnitzer, 2009	0,615	Holstein (Österreich)
			-0,870	Braunvieh (Österreich)
	>1. Laktation	Eaglen et al., 2012	0,37	Holstein (Großbritannien)
		Fürst & Fürst-Waltl, 2006	0,70	Fleckvieh, Braunvieh (Österreich, Deutschland)
		Kraßnitzer, 2009	0,381	Holstein (Österreich)
			-0,938	Braunvieh (Österreich)
	maternal - maternal	Manatrinon et al., 2009	0,060	Kärntner Blondvieh (Österreich)

		-0,172	Murbodner (Österreich)
		0,997	Waldviertler Blondvieh (Österreich)
	Hansen et al., 2004	0,18	Holstein (Dänemark)
	Heringstad et al., 2007	0,62	Norwegian Red (Norwegen)
1.Laktation	Eaglen et al., 2012	0,67	Holstein (Großbritannien)
	Fürst & Fürst-Waltl, 2006	0,60	Fleckvieh, Braunvieh (Österreich, Deutschland)
	Kraßnitzer, 2009	0,575	Holstein (Österreich)
		0,904	Braunvieh (Österreich)
>1. Laktation	Eaglen et al., 2012	0,85	Holstein (Großbritannien)
	Fürst & Fürst-Waltl, 2006	0,60	Fleckvieh, Braunvieh (Österreich, Deutschland)
	Kraßnitzer, 2009	0,983	Holstein (Österreich)
		0,534	Braunvieh (Österreich)
direkt - maternal	Hansen et al., 2004	0,07	Holstein (Dänemark)
	Heringstad et al., 2007	0,06 - 0,11	Norwegian Red (Norwegen)
1.Laktation	Eaglen et al., 2012	0,97	Holstein (Großbritannien)
	Kraßnitzer, 2009	-0,440	Holstein (Österreich)
		-0,839	Braunvieh (Österreich)
>1. Laktation	Eaglen et al., 2012	-0,22	Holstein (Großbritannien)
	Kraßnitzer, 2009	-0,910	Holstein (Österreich)
		-0,981	Braunvieh (Österreich)
maternal - direkt	Hansen et al., 2004	0,08	Holstein (Dänemark)
1.Laktation	Eaglen et al., 2012	0,28	Holstein (Großbritannien)
	Kraßnitzer, 2009	0,147	Holstein (Österreich)
		0,877	Braunvieh (Österreich)
>1. Laktation	Eaglen et al., 2012	-0,16	Holstein (Großbritannien)
	Kraßnitzer, 2009	-0,336	Holstein (Österreich)
		0,260	Braunvieh (Österreich)

2.5 Frühe Fruchtbarkeitsstörungen

Seit Dezember 2010 werden Gesundheitszuchtwerte der Fleckvieh-Stiere in der offiziellen Zuchtwertschätzung der österreichischen und deutschen Fleckviehpopulation berücksichtigt. Der Gesundheitszuchtwert setzt sich aus dem Merkmalen Mastitis, frühe Fruchtbarkeitsstörungen, Zysten und Milchfieber zusammen (Fürst et al., 2011; Egger-Danner et al., 2012; Fürst, 2013). Datengrundlage für die Zuchtwertschätzung sind tierärztliche Diagnosen, Anwendungen bzw. Belege der Arzneimittelabgabe, welche im Rahmen des Gesundheitsmonitoring seit 2006 in Österreich erhoben werden. Die Daten für die Zuchtwertschätzung werden hingehend überprüft, ob die Kuh im jeweiligen Zeitraum vom Tierarzt behandelt wurde oder krank war. Weiters gehen nur Daten von Betrieben in die Zuchtwertschätzung, welche aktiv am Gesundheitsmonitoring teilnehmen. Die Daten werden mehrmals geprüft bevor sie für die Zuchtwertschätzung herangezogen werden (Fürst et al., 2011; Egger-Danner et al., 2012; Fürst, 2013). Für diese Arbeit wurde nur das Merkmal frühe Fruchtbarkeitsstörungen verwendet, auf welches hier genauer eingegangen werden soll.

Für die frühen Fruchtbarkeitsstörungen gehen nur Daten von Kühen in die Zuchtwertschätzung, die während des Beobachtungszeitraums auf einem validierten Betrieb gestanden sind. Bei dem Merkmal frühe Fruchtbarkeitsstörungen wird ein Abgang nur berücksichtigt, wenn die Kuh die Möglichkeit hatte, bis zum 20. Tag unter Beobachtung zu sein, das bedeutet, dass Kühe, die aufgrund anderer Ursachen abgegangen sind, wie z.B. Leistung, Verkauf zur Zucht, usw., nur dann als gesund berücksichtigt werden, wenn sie nach dem 20. Laktationstag abgegangen sind (Fürst et al., 2011).

Frühe Fruchtbarkeitsstörungen setzten sich aus den Merkmalen Gebärmutterentzündung, Nachgeburtsverhaltung und puerperale Erkrankungen bis 30 Tage nach der Abkalbung plus Abgänge wegen Unfruchtbarkeit im gleichen Zeitraum zusammen (Fürst et al., 2011; Fürst, 2013).

Die Frequenz für frühe Fruchtbarkeitsstörungen betrug für die August - Zuchtwertschätzung 2011 4,8%, wovon 0,04% davon auf Abgänge zurückzuführen sind (Fürst et al., 2011). Für die April – Zuchtwertschätzung 2013 lag die Frequenz bei 4,5% und 0,05% aufgrund von Abgängen (Fürst, 2013).

In Abbildung 6 ist der genetische Trend der Fleckvieh Stiere für die Merkmale Mastitis, frühe Fruchtbarkeitsstörungen, Zysten und Milchfieber dargestellt.

Abb. 6: Genetischer Trend für Fleckvieh Stiere, für die Merkmale Mastitis, frühe Fruchtbarkeitsstörungen, Zysten und Milchfieber (Fürst, 2013)

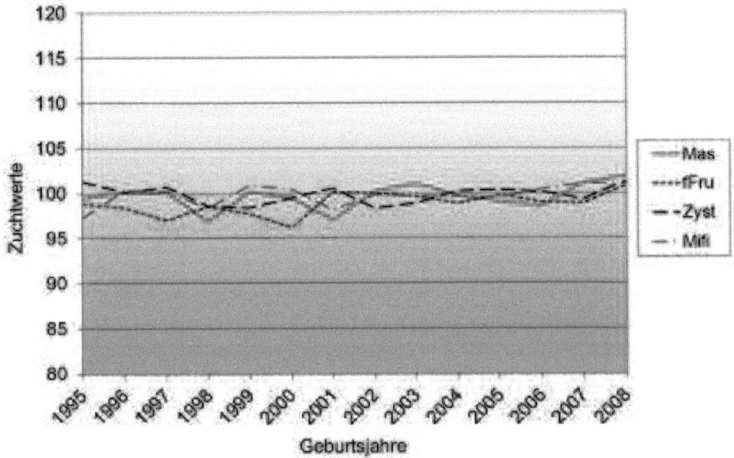

Heritabilitäten

Nach Fürst et al., 2011 und Fürst, 2013 wurde für die Zuchtwertschätzung von Fleckvieh in Österreich und Deutschland eine Heritabilität von 2,3 % für dieses Merkmal geschätzt. Für die Schätzung wurde ein Subdatensatz mit 45.869 Laktationen herangezogen, welcher mit dem Programm VCE auf Basis eines BLUP-Tiermodells geschätzt wurde. Die Heritabilität für Mastitis liegt bei 2,0%, das Merkmal Zysten weist eine Heritabilität von 4,6% auf und Milchfieber zeigt eine Heritabilität von 3,6%.

3. Deskriptive Statistik der Rohdaten

3.1 Rohdaten und Generelle Statistik

Die Daten wurden in zwei Datensätzen zur Verfügung gestellt, der erste Datensatz enthielt die Daten für Trächtigkeitsdauer, Kalbeverlauf und Totgeburtenrate, der zweite Datensatz enthielt die Daten für frühe Fruchtbarkeitsstörungen. Beide Datensätze wurden von der ZuchtData EDV-Dienstleistungen GmbH zur Verfügung gestellt und beinhalten Leistungsdaten von Fleckviehkühen aus dem österreichischen Bundesland Steiermark. Zusätzlich wurde ein Pedigreedatensatz mit den Abstammungsinformationen der Tiere bereitgestellt.

Enthaltene Angaben im Datensatz für Trächtigkeitsdauer, Kalbeverlauf und Totgeburtenrate:

- Region zum Zeitpunkt der Abkalbung
- Betriebsnummer zum Zeitpunkt der Abkalbung
- ISO-Lebensnummer der Kuh
- Geburtsdatum der Kuh
- Rasse der Kuh (RDV-Rassecodes)
- Vater (ISO-Nummer)
- Geburtsdatum des Kalbes
- Trächtigkeitsdauer
- wievielte Laktation
- Geschlecht des Kalbes (1=männlich, 2=weiblich)
- Verwendung des Kalbes (0 = nicht erfasst, 1 = aufgestellt, 2 = verkauft, 3 = geschlachtet, 4 = tot geboren, 5 = verendet innerhalb 48h, 6 = verendet ab 3. Tag, 9 = nicht bekannt)
- Geburtsverlauf
- Geburtstyp (E = Einling, Z = Zwilling, D = Drilling, V = Vierling, F = Fünfling, S = Sechsling)
- ISO-Lebensnummer des Kalbes (bei Mehrlingsgeburten ein weibliches Kalb bevorzugt)
- ISO-Lebensnummer des Vaters des Kalbes
- Kennzeichen für Geburtsverlauf-Codes[1]
- ET-Kennzeichen (aus ET=J, sonst=N)

[1] Kennzeichen für Geburtsverlauf-Codes: z.B.:
A = ADR/HIT-Skala (0 = keine Angabe, 1 = ohne oder 1 Helfer, 2 = zwei oder mehr oder mechan., 3 = tierärztl., 4 = Operation)
V = VIT-Skala (0 = keine Angabe, 1 = leicht, 2 = normal, 3 = schwer, tierärztl., 4 = Kaiserschnitt)
L = LKV-Bayern (0 = ohne Hilfe, 1 = 1 Helfer, 2 = 2 oder mehr Helfer, 3 = Tierarzt, 4 = Operation)
O = Österreich-Skala ab 1992 (1 = leicht, 2 = normal, 3 = schwer, 4 = Kaiserschnitt, 5 = Embryotomie)

Aufbereitet wurde der Datensatz mit dem Softwareparket SAS (Statistical Analysis System), Version 9.2 (SAS Institute., 2006).

Im Datensatz enthalten sind die erbrachten Abkalbungen der Jahre 2007 bis 2013. Der Rohdatensatz besteht aus 327.478 Leistungen, welche von 127.048 Kühen auf 3.893 Betrieben stammt. Im Datensatz sind 50,12% der Kälber männlich und 49,72% weiblich. Insgesamt sind 3.555 Vatertiere und 3.520 mütterlichen Großvatertiere enthalten. Tabelle 9 soll eine kleine Übersicht über die Daten geben.

Tab. 9: Deskriptive Statistik der Rohdaten

	Anzahl		Anzahl
Leistungen	327.478	Fehlende Kälberdaten	3.878
Mütterliche Großväter	3.520	Fehlende Mütterliche Großväter	17.590
Kühe	127.048	Fehlende Kuhdaten	0
Väter	3.555	Fehlende Vaterdaten	25.954
Betriebe	3.893	Fehlende Betriebsdaten	396
Laktationen	17	Fehlende Trächtigkeitsdauer	31.964
Männliche Kälber	164.145	Fehlender Geburtsverlauf	14.821
Weibliche Kälber	162.837	Kein Geschlecht	496

Eine Aufstellung der Kalbejahre der Kälber von 2007 bis 2013, ist in Tabelle 10 dargestellt, es ist eine leichte Steigerung der Daten pro Jahr zu sehen. Zum Zeitpunkt als die Daten übermittelt wurden war das Jahr 2013 noch nicht abgelaufen, was der Grund für die niedrigere Datenanzahl ist.

Tab. 10: Geburtsjahrgänge der Kälber mit Anzahl und Anteil an Abkalbungen

Kalbejahr	Anzahl	%
2007	46.414	14.17
2008	46.859	14.31
2009	48.856	14.92
2010	48.775	14.89
2011	49.097	14.99
2012	49.575	15.14
2013	37.902	11.57

Eine Auflistung der generellen Statistik von Kühen, Stieren, mütterlichen Großvätern und Betrieben wird in Tabelle 11 gezeigt. Die 127.048 Kühe erbrachten im Durchschnitt 2,58 Abkalbungen, wobei das Minimum bei nur einer Abkalbung lag und das Maximum bei 8 Abkalbungen. Bei den Vätern der Kälber war eine Anzahl von 3.556 Tieren mit einem Mittelwert von 92,09 und einem Minimum von nur einem Kalb als Vater und einem Maximum von 7.829 Kälbern als Vater zu beobachten. Ähnlich ist die Situation bei den Großvätern der mütterlichen Seite mit einer Anzahl von 3.521 Stieren mit einem Mittelwert von 93, bei einem Minimum Wert von einem Nachkommen und einem Maximum von 7.825 Nachkommen. Die Leistungen wurden auf 3893 Betrieben erbracht von denen ein Minimum von nur einem Tier am Betrieb und ein Maximum von 748 Tieren am Betrieb mit einem Mittelwert von 84,12 Tieren pro Betrieb zu beobachten war.

Tab. 11: Generelle Statistik über Kühe, Stiere, Mütterliche Großväter und Betriebe

	Anzahl	Mittelwert	SD	Min.	Max.	Anzahl <3	Anzahl <5	Anzahl <10
Kühe	127.048	2,58	1,58	1	8	71.825	109.300	127.048
Stiere	3.556	92,09	507,4	1	7.829	1.328	1.764	2.235
Großväter (mütterlich)	3.521	93	618,33	1	7.825	920	1.420	2.037
Betriebe	3.893	84,12	78,71	1	748	349	487	721

3.2 Trächtigkeiten und Kalbealter

Insgesamt wurden bis zu 17 Abkalbungen pro Tier erhoben, wobei nur 1 Tier diese Leistung erbracht hat. Die meisten Geburten waren bei der ersten Abkalbung mit 88.635 zu beobachten. In dieser Arbeit werden nur Leistungen bis zur 10 Laktation für die Berechnung der genetischen Parameter berücksichtigt. In Abbildung 7 ist die Anzahl der Abkalbungen je Laktation dargestellt.

Abb. 7: Anzahl der Abkalbungen je Laktation

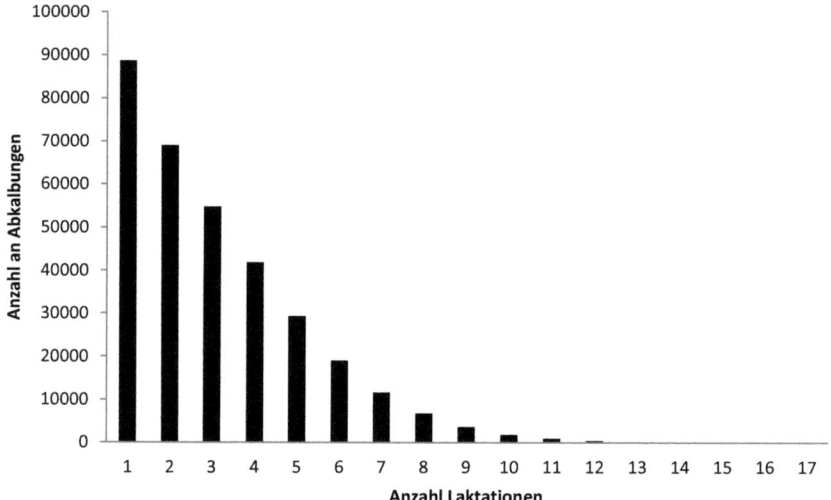

In Tabelle 12 sind die Anzahl, der Mittelwert, die Standardabweichung, sowie das Minimum und das Maximum des Alters der Kuh in Monaten bei der Abkalbung dargestellt. Die Minimum und Maximum Werte in den einzelnen Laktationen sind sehr weit voneinander entfernt und weichen zum Teil sehr stark vom Mittelwert ab. In der ersten Laktation ist ein Minimum Wert von 15 Monaten und ein Maximum Wert von 162 Monaten zu sehen, bei einem Mittelwert von 30,54 Monaten.

Tab. 12: Abkalbung, Anzahl der Abkalbungen, Mittelwert, Standardabweichung, Minimum und Maximum des Alters der Kuh in Monaten bei der Abkalbung

Abkalbung	Anzahl	Mittelwert	SD	Min.	Max.
1	88.635	30,54	3,88	15	162
2	68.991	43,39	4,64	27	184
3	54.732	56,15	5,22	37	164
4	41.799	68,86	5,83	48	176
5	29.292	81,50	6,39	59	192
6	19.018	94,29	7,30	70	203
7	11.593	107,28	8,63	86	213
8	6.697	120,63	10,18	96	218
9	3.576	133,32	10,56	94	220
10	1.765	145,78	11,12	123	231
11	828	157,77	10,49	134	245
12	358	170,30	10,54	145	236
13	127	180,77	9,39	156	218
14	47	190,34	8,73	166	211
15	13	193,77	36,77	75	223
16	6	217	11,42	200	234
17	1	227		227	227

Zur besseren Vorstellung und um einen besseren Überblick zu bekommen sind in Abbildung 8 das Alter der Kühe in Monaten und die Anzahl der Abkalbungen der Kühe grafisch dargestellt.

Abb. 8: Anzahl an Abkalbungen je Alter in Monaten der Kuh

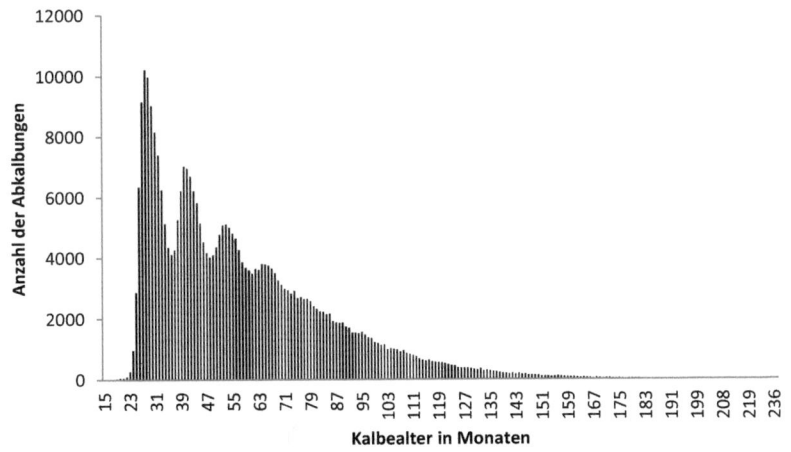

Für die Berechnung der genetischen Parameter wurden Restriktionen in Bezug auf das Alter durchgeführt, welche in Tabelle 13 angeführt sind. Die Bereiche für das Alter in Monaten wurden an den Mittelwert und an realistische Werte für das Alter bei der Abkalbung in der jeweiligen Laktation angepasst. Die grün gefärbten Werte bilden jenen Bereich, für die Beibehaltung der Daten.

Tab. 13: Restriktionen für das Kalbealter in Monaten und Anzahl der Kühe, die

Abkalbung	Anzahl Kühe	Mittelwert	SD	Min	Max	von	bis	gelöscht	geblieben
1	75.010	30,48	3,69	19	62	24	39	1.598	258.728
2	55.858	43,28	4,38	28	82	36	53	1.678	257.050
3	43.620	55,98	4,94	40	98	48	65	2.197	254.853
4	32.915	68,65	5,48	52	130	60	79	1.709	253.144
5	22.614	81,26	5,91	63	127	71	92	1.146	251.998
6	14.282	93,89	6,28	74	146	83	106	683	251.315
7	8.399	106,54	6,58	89	149	95	118	510	250.805
8	4.527	119,3	7,02	99	162	108	129	451	250.354
9	2.211	131,38	6,95	111	164	120	139	295	250.059
10	890	143,54	7,24	123	184	134	156	84	249.975

3.3 Trächtigkeitsdauer

Die Trächtigkeitsdauer der Rohdaten hat einen Minimum Wert von 265 Tagen und einen Maximum Wert von 306 Tagen. Berechnet wurde sie aus 295.514 Trächtigkeiten, die eine Trächtigkeitsdauer aufwiesen, 31.964 Abkalbungen wiesen keine Trächtigkeitsdauerangaben auf. Zur Berechnung der Trächtigkeitsdauer wurde der Mittelwert der vorhandenen Daten genommen, das Ergebnis war eine Trächtigkeitsdauer von 288,23 Tagen mit einer Standardabweichung von 5,54 Tagen. Ein Überblick über die Verteilung der Trächtigkeiten wird in Abbildung 9 veranschaulicht.

Abb. 9: Anzahl der gesamten Trächtigkeiten und Verteilung über die Trächtigkeitstage

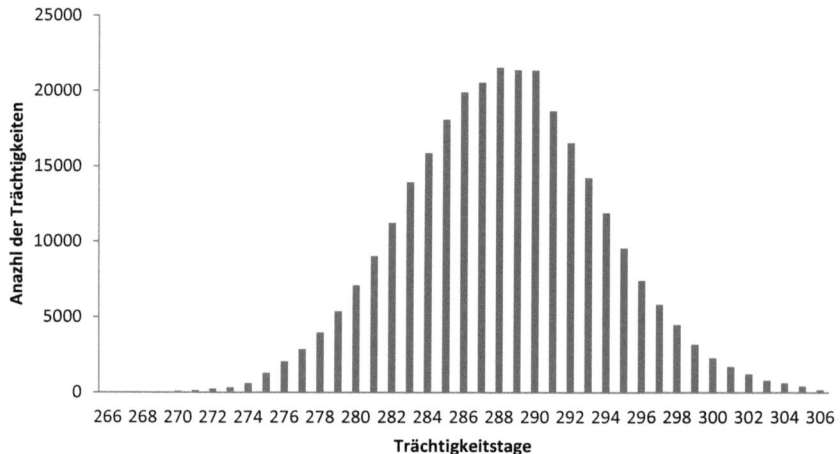

Weiters wurden die mittleren Trächtigkeitsdauern der ersten drei Laktationen erhoben, diese sind in Abbildung 10 dargestellt. Für die erste Laktation standen 80.123 Trächtigkeiten mit einer mittleren Trächtigkeitsdauer von 287,12 Tagen und einer Standardabweichung von 5,35 Tagen zur Verfügung, 8.512 Abkalbungen der ersten Laktation wiesen keine Trächtigkeitsdauer auf. Der Minimum Wert war 265 Tagen und der Maximum Wert lag bei 305 Tagen. Für die zweite Laktation waren 63.165 Trächtigkeiten mit Trächtigkeitsdauer und 5.826 ohne Trächtigkeitsdauer vorhanden, die einen Mittelwert von 288,08 Tagen mit einer Standardabweichung von 5,47 Tagen vorwiesen, wobei der Minimum Wert 265 Tage und der Maximum Wert 306 Tage betrug. In der dritten Laktation waren von 50.217 Tieren Trächtigkeitsdauern gegeben, 4.515 ohne Trächtigkeitsdauer, mit einem Mittelwert von 288,57 Tagen und einer Standardabweichung von 5,50 Tagen bei einem Minimum von 269 Tagen und einem Maximum von 308 Tagen.

Abb. 10: Anzahl der Trächtigkeiten der 1., 2. und 3. Abkalbung und Verteilung über die Trächtigkeitstage

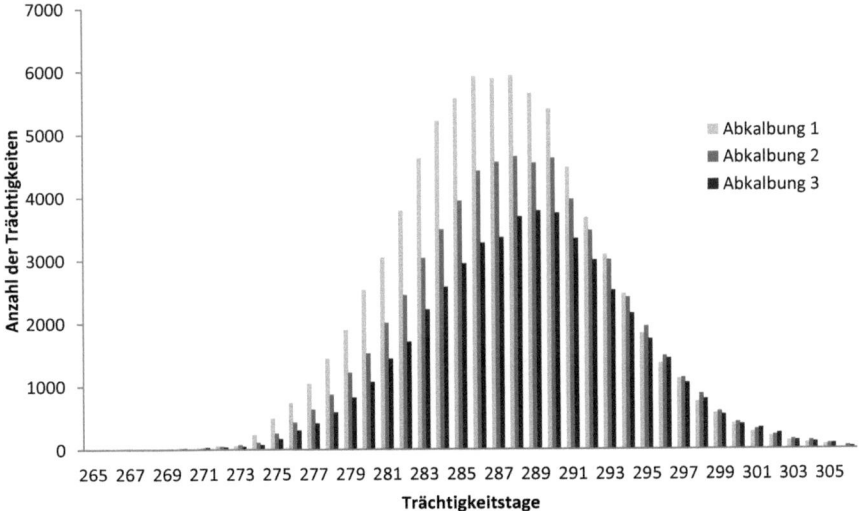

3.4   Kalbeverlauf und Geburtstyp

Der Kalbeverlauf wird in Österreich in 5 Klassen eingeteilt, 1 = leicht, 2 = normal, 3 = schwer, 4 = Kaiserschnitt, 5 = Embryotomie, hierzu kommen noch die Klassen 0 = nicht erfasst und 9 = nicht bekannt. Im Rohdatensatz waren von 14.821 Abkalbungen keine Angaben zum Kalbeverlauf vorhanden. In weiterer Folge wurden die Leistungen, die keine Angaben zum Kalbeverlauf aufweisen, sowie die Klassen 0 = nicht erfasset, 9 = nicht bekannt und 5 = Embryotomie gelöscht. In Tabelle 14 wurden die Daten in Laktationen eingeteilt, welche zur Berechnung des Prozentanteils je

Kalbeverlaufsklasse verwendet wurden. Aus diesen Angaben ist ersichtlich, dass in der ersten Laktation die meisten Schwierigkeiten bei der Abkalbung gegeben sind. Der Anteil an leichten Kalbungen ist auch bei der ersten Laktation am niedrigsten mit nur 46,66%. Die besten Werte für einen leichten Kalbeverlauf zeigten Kühe in der zweiten und dritten Laktation, wo über 57% eine leichte Kalbung aufweisen. In Tabelle 14 ist der Kalbeverlauf für alle Laktationen, den ersten 3 Abkalbungen und >3 Abkalbungen dargestellt.

Tab. 14: Kalbeverlauf in allen Laktationen, sowie in den ersten 3 Abkalbungen und >3 Abkalbungen, eingeteilt in Kalbeverlaufsklassen mit deren Anzahl und Anteil in Prozent

Kalbeverlauf	alle Abkalbungen		1. Abkalbung		2. Abkalbung		3. Abkalbung		>3 Abkalbungen	
	Anzahl	%	Anzahl	%	Anzahl	%	Anzahl	%	Anzahl	%
keine Angaben	14.821		3.397		2.415		2.105		6.904	
0	2.671	0,85	556	0,65	522	0,78	440	0,84	1.153	1,07
1	169.543	54,23	39.770	46,66	38.195	57,37	30.072	57,14	61.506	56,84
2	128.771	41,19	39.308	46,12	26.035	39,11	20.820	39,56	42.608	39,37
3	11.054	3,54	5.300	6,22	1.736	2,61	1.226	2,33	2.792	2,58
4	561	0,18	283	0,33	79	0,12	62	0,12	137	0,13
5	37	0,01	16	0,02	5	0,01	4	0,01	12	0,01
9	20	0,01	5	0,01	4	0,01	3	0,01	8	0,01
Gesamt	327.478		88.635		68.991		54.732		115.120	

Der Geburtstyp ist für diese Arbeit sehr wichtig, da nur Einlinge für die späteren Berechnungen herangezogen werden. Alle Mehrlingsgeburten werden aus dem Datensatz gelöscht. Im Rohdatensatz waren 93,35% der Abkalbungen Einlingsgeburten, insgesamt sind das 305.584 Daten. In Tabelle 15 ist eine Auflistung der Geburtstypen, mit deren Anzahl und Anteilen in Prozent ersichtlich.

Tab. 15: Auflistung der Geburtstypen und deren Anzahl, sowie Anteil in Prozent

Geburtstyp	Anzahl	%
Keine Angaben	113	
E= Einlinge	305.584	93,35
Z= Zwillinge	21.559	6,59
D= Drillinge	202	0,06
V= Vierlinge	17	0,01
F= Fünflinge	1	0,00
S= Sechslinge	2	0,00

3.5 Totgeburten

Totgeburten sind für den Betrieb ein wirtschaftlicher Verlust, da das Kalb tot geboren wird oder innerhalb von 48 Stunden verendet. Bei der Berechnung der Totgeburtenrate wurde zuerst der Wert über alle Laktationen ermittelt, welcher 4,35% ergab. Der höchste Wert wurde bei der ersten Abkalbung mit 5,65% festgestellt. Die niedrigsten Werte sind bei der 2. und 3. Abkalbung zu beobachten, welche 3,55% bzw. 3,62% betragen. Bei Kühen mit mehr als 3 Abkalbungen, ist die Totgeburtenrate mit 4,16% höher als bei der 2. und 3. Abkalbung. Stierkälber weisen mit 4,87% im Vergleich zu Kuhkälbern mit 3,68% eine deutlich höhere Totgeburtenrate auf. In Tabelle 16 ist eine genauere Darstellung über die Anzahl von lebend und tot geborenen Kälbern angeführt.

Tab. 16: Totgeburtenrate dargestellt in Total, 1.-3. Abkalbung, >3 Abkalbungen und Geschlecht des Kalbs, mit deren Anzahl und Anteil in Prozent

	Lebend geboren		tot geboren		
	Anzahl	%	Anzahl	%	keine Angaben
Total	313.002	95,65	14.221	**4,35**	255
1. Abkalbung	83.587	94,35	5.002	**5,65**	46
2. Abkalbung	66.476	96,45	2.449	**3,55**	66
3. Abkalbung	52.705	96,38	1.981	**3,62**	46
>3 Abkalbungen	110.234	95,84	4.789	**4,16**	97
Stierkälber	156.148	95,13	7.994	**4,87**	3
Kuhkälber	156.837	96,32	5.997	**3,68**	3

Weiters wurde erhoben, wie hoch der jeweilige Anteil an lebend geborenen Kälbern je Kalbeklasse und Anteil an tot geborenen Kälbern je Kalbeklasse ist. Bei den lebend geborenen Kälbern war mehr als die Hälfte (54,80%), in Kalbeklasse 1 und 41,35% der Kälber in Kalbeklasse 2. Der Mittelwert von 1,46 mit einer Standardabweichung von 0,57 ist im Vergleich zum Mittelwert der tot geborenen Kälber von 1,78 mit einer Standardabweichung von 0,83 geringer. Es sind auch weniger Tiere in der Kalbeklasse 1 und 2, bei einem höheren Anteil in den Kalbeklassen 3 bis 5. Zur besseren Darstellung soll Tabelle 17 herangezogen werden.

Tab. 17: Prozent der lebend und tot geborenen Kälber nach dem Kalbeverlauf

	Mittelwert	SD	1	2	3	4	5
lebend geboren	1,46	0,57	54,80	41,35	2,87	0,13	0
tot geboren	1,78	0,83	41,42	37,70	18,35	1,32	0,23

In Tabelle 18 soll gezeigt werden, wie hoch der Anteil an lebend und tot geborenen Kälbern in der jeweiligen Klasse des Kalbeverlaufs ist. Die meisten tot geborenen Kälber sind vor allem in den Kalbeklassen 3 bis 5 zu beobachten, in den Klassen 1 und 2 kommen nur 3,26 bzw. 3,90% der Kälber tot zur Welt.

Tab. 18: Anzahl und Anteil in Prozent an lebenden und tot geborenen Kälbern des jeweiligen Kalbeverlaufs

	1		2		3		4		5	
	Anzahl	%	Anzahl	%	Anzahl	%	Anzahl	%	Anzahl	%
lebend geboren	163.897	**96,74**	123.664	**96,10**	8.582	**77,82**	381	**68,40**	0	**0,00**
tot geboren	5.646	**3,26**	5.025	**3,90**	2.445	**22,18**	176	**31,60**	30	**100,00**
keine Angaben	126		82		27		4			

3.6   Frühe Fruchtbarkeitsstörungen

Die frühen Fruchtbarkeitsstörungen waren in einem eigenen Datensatz mit 155.637 Abkalbungen von denen 147.946 (95,06%) keine Störungen aufwiesen und 7.691 (4,94%) frühe Fruchtbarkeitsstörungen zeigten.

Enthaltene Angaben im Datensatz für frühe Fruchtbarkeitsstörungen:

*   ISO-Lebensnummer der Kuh
*   Laktation*Kalbealtersklasse
*   Kalbejahr*Kalbemonat
*   Erfassungsart*Kalbejahr
*   Betrieb*Kalbejahr
*   Frühe Fruchtbarkeitsstörungen: 1 = gesund, 2 = krank

In der Kategorie frühe Fruchtbarkeitsstörungen werden Gebärmutterentzündung, Nachgeburtsverhaltung und puerperale Erkrankungen bis 30 Tage nach der Abkalbung plus Abgänge wegen Unfruchtbarkeit im gleichen Zeitraum erfasst. Die vorhandenen Daten waren aus den Jahren 2006 bis 2013, wobei die Daten aus 2006 gelöscht wurden, da zu diesen Daten keine Informationen über Trächtigkeitsdauer, Kalbeverlauf oder Totgeburten vorhanden waren. In Tabelle 19 sind die Kalbejahre mit deren Anzahl an erbrachten Informationen und deren Anteil am gesamten Datensatz in Prozent aufgelistet.

Tab. 19: Kalbejahre im Datensatz für frühe Fruchtbarkeitsstörungen

Kalbejahr	Anzahl	%
2006	3.177	2,04
2007	17.321	11,13
2008	22.178	14,25
2009	25.450	16,35
2010	26.522	17,04
2011	27.567	17,71
2012	26.498	17,03
2013	6.924	4,45

3.7   Einschränkungen des Datensatzes

Die Einschränkungen des Datensatzes wurden durchgeführt, weil zum Teil nicht alle Leistungsinformationen oder Abstammungsinformationen vorhanden waren. Bei 3.878 Leistungen fehlte die ISO-Nummer des Kalbes, bei 24.440 Abkalbungen fehlte die ISO-Nummer des Vaters des Kalbes und bei weiteren 11.927 fehlte die ISO-Nummer des Großvaters (mütterlich) des Kalbes. Es fehlte bei 233 Abkalbungen die Information des Betriebs, auf dem die Kuh diese erbracht hat. Bei der Anzahl an Laktationen wurde eine Einschränkung auf 10 Laktationen vorgenommen, wodurch weitere 912 Abkalbungen gelöscht wurden. Weiters wurden beim Kalbeverlauf nur die Klassen 1 bis 5 beibehalten und für die Trächtigkeitsdauer wurde eine Einschränkung auf 269 bis 302 Tage festgesetzt um unrealistische Werte für die genetischen Schätzungen auszuschließen (6.875). Mehrlingsgeburten waren insgesamt 17.886 im Datensatz enthalten, welche aber in dieser Arbeit nicht berücksichtigt werden und deshalb gelöscht wurden. Leistungen, welche keine Informationen des Geburtstyps oder des Kalbeverlaufs aufwiesen wurden ebenfalls gelöscht. Es wurde eine Einschränkung der Geburtjahre der Kühe von <1996 bis >2011 vorgenommen, um zu alte, bzw. zu junge Kühe aus dem Datensatz zu löschen. Leistungen mit einem unrealistischen Kalbealter in Monaten und einem unrealistischen Kalbeverlauf im jeweiligen Kalbejahr wurden gelöscht um verfälschte Ergebnisse zu vermeiden. Es wurde eine Mindestanzahl von 10 Kühen pro Betrieb, eine Mindestzahl an Nachkommen von 10 Kälbern je Vater und eine Mindestzahl von 10 Leistungen von Großvätern mütterlicher Seite berücksichtigt. Kühe, welche nicht mit einem Fleckviehtier belegt wurden, wurden aus dem Datensatz gelöscht, um keine Verfälschung durch Rassenkreuzungen zu erhalten. Danach wurde der Datensatz mit den Informationen der Trächtigkeitsdauer des Kalbeverlaufs und der Totgeburtenrate mit dem Datensatz, der die Informationen für frühe Fruchtbarkeitsstörungen enthielt zusammengefasst um einen neuen Datensatz zu erhalten, hierbei wurden jene Leistungen ohne Information über frühe Fruchtbarkeitsstörungen gelöscht. In diesem neuen Datensatz wurde eine Mindestanzahl von 15 Kühen pro Betrieb, eine Mindestzahl von 15 Kälbern je Vater, eine Mindestzahl von 15 Leistungen von Großvätern mütterlicher Seite und eine Mindestanzahl von 2 Tieren für das Betriebskalbjahr eingesetzt. Zum Schluss wurden noch Abkalbungen mit falschen Daten gelöscht. Das Resultat war ein Datensatz mit 40.430 Abkalbungen zur Berechnung der Heritabilitäten und Genetischen Korrelationen bzw. zur Berechnung der Deskriptiven Statistik der eingeschränkten Daten. In Tabelle 20 ist eine detaillierte Aufstellung der Löschkriterien, der gelöschten Datensätze und der verbliebenen Datensätze angeführt.

Tab. 20: Liste der Einschränkungen mit Anzahl der gelöschten Daten und der verbliebenen Daten

Löschkriterium	gelöschte Datensätze	verbliebene Datensätze
fehlende Kalb ISO-Nummer	3.878	323.600
fehlende ISO-Nummer des Vater des Kalbes	24.440	299.160
fehlende ISO-Nummer des mütterlichen Großvaters des Kalbes	11.927	287.233
fehlender Betrieb	233	287.000
Laktation >10	912	286.088
Kalbeverlauf 0 oder 9	652	285.436
Trächtigkeitsdauer <269 bzw. >302	6.875	278.561
Mehrlingsgeburten	17.886	260.675
Geburtstyp nicht bekannt	3	260.672
Embryotomie	19	260.653
Geburtsjahr der Kuh <1996 bzw. >2011	327	260.326
unrealistisches Kalbealter je Laktation	10.351	249.975
Kalbeverlauf unbekannt	6.378	243.596
Vater des Kalbes <10	5.707	237.889
Großvaters (mütterlich) <10	5.975	231.914
Betrieb <10	2.144	229.770
unrealistische Geburtsverlauf je Kalbejahr	14.128	215.642
andere Vaterrassen als Fleckvieh	13.126	202.516
Verbinden von Kalbeverlaufdatensatz mit Fruchtbarkeitsdatensatz	143.414	59.102
Betriebskalbejahr <2	5.579	53.523
Vater des Kalbes <15	2.663	50.860
Großvaters (mütterlich) <15	4.527	46.333
Betrieb <15	5.247	41.086
Löschen von falschen Datensätzen	656	40.430

4. Ergebnisse und Diskussion

4.1 Eingeschränkter Datensatz

Der eingeschränkte Datensatz umfasst 40.430 Abkalbungen (Einlingsgeburten), welche von 30.735 Kühen erbracht wurden. Berücksichtigt wurden Leistungen bis zur 10. Laktation, welche auf 1.069 Betrieben erhoben wurden. Insgesamt blieben 365 Vatertiere und 418 mütterliche Großvatertiere im Datensatz. Männliche Kälber machten 51,74% und weibliche Kälber 48,26% der Abkalbungen aus. Im Vergleich zu den Rohdaten ist die Anzahl der männlichen Tiere etwas höher und die weiblichen Tiere etwas weniger. In Tabelle 21 sind die Daten und Merkmale aufgetragen.

Tab. 21: Deskriptive Statistik der eingeschränkten Daten

	Anzahl	%
Leistungen	40.430	
Großväter (mütterlich)	418	
Kühe	30.735	
Väter	365	
Betriebe	1.069	
Laktationen	10	
männliche Kälber	20.918	51,74
weibliche Kälber	19.512	48,26

Die von den 30.735 Kühen erbrachten Leistungen hatten einen Mittelwert von 1,32 mit einer Standardabweichung von 0,59 und einen Minimum Wert von 1 und einen Maximum Wert von 6. Es war keine Kuh dabei, welche in allen 7 Jahren die berücksichtigt wurden eine Leistung erbrachte. Bei den Vätern der Kälber war die Anzahl an Tieren nur etwas über 10% der Anzahl der Vatertiere im Rohdatensatz, insgesamt 365 Vatertiere, welche einen Minimum Wert von 15 Abkalbungen und einen Maximum Wert von 1.872 Abkalbungen aufwiesen, bei einem Mittelwert von 110,77 mit einer Standardabweichung von 216,32. Die Anzahl der mütterlichen Großväter war mit 418 mit etwa 12% im Vergleich zum Rohdatensatz höher als die der Vatertiere. Der Mittelwert von 96,72 mit einer Standardabweichung von 158,84 war jedoch geringer, der Maximum Wert von 1.367 war ebenfalls geringer bei gleichem Minimum Wert. Die 1.069 Betrieben sind etwa ein Drittel der Betriebe aus den Rohdaten, der Mittelwert beträgt 37,82 Abkalbungen bei einer Standardabweichung von 22,59 Abkalbungen und einem Minimum Wert von 15 und einem Maximum Wert von 203 Abkalbungen pro Betrieb. In Tabelle 22 sind die Anzahl, der Mittelwert und dessen Standardabweichung, der Minimum und der Maximum Wert übersichtlich dargestellt.

Tab. 22: Generelle Statistik der eingeschränkten Daten

	Anzahl	Mittelwert	SD	Minimum	Maximum
Kühe	30.735	1,32	0,59	1	6
Väter	365	110,77	216,32	15	1.872
Großväter (mütterlich)	418	96,72	158,84	15	1.367
Betriebe	1.069	37,82	22,59	15	203

4.1.1 Trächtigkeiten und Kalbealter

Durch die Einschränkungen ist die Anzahl der Daten deutlich kleiner geworden, Mittelwerte und Standardabweichungen haben sich im Vergleich zu den Rohdaten nur sehr gering geändert. In Tabelle 23 sind die Abkalbungen, die Anzahl je Abkalbung, der Anteil an Gesamtdaten, der Mittelwert, die Standardabweichung, sowie das Minimum und das Maximum des Alters der Kuh in Monaten bei der Abkalbung dargestellt. Die Minimum Werte und Maximum Werte sind durch die Einschränkungen in den einzelnen Laktationen kompakter und komprimierter. In der ersten Laktation ist der Minimum Wert bei 24 Monaten und ein Maximum bei 39 Monaten, mit einem Mittelwert von 29,71 Monaten bei einer Standardabweichung von 3,11 Monaten. Die weiteren Laktationen sind in Tabelle 23 ersichtlich.

Tab. 23: Abkalbung, Anzahl je Abkalbung, Anteil an Gesamtdaten, Mittelwert, Standardabweichung, Minimum und Maximum Wert des Alters der Kuh in Monaten bei der Abkalbung

Abkalbung	Anzahl	%	Mittelwert	SD	Minimum	Maximum
1	17.302	42,79	29,71	3,11	24	39
2	8.410	20,80	42,36	3,73	36	53
3	5.449	13,48	54,95	3,90	48	65
4	3.844	9,51	67,62	4,41	60	79
5	2.520	6,23	80,16	4,81	71	92
6	1.531	3,78	92,63	5,13	83	106
7	803	1,98	104,92	5,19	95	118
8	350	0,86	117,32	4,88	108	129
9	165	0,40	128,92	4,89	120	139
10	56	0,13	141,73	4,59	134	152

Die Kalbejahre, mit Anzahl und Anteil an Abkalbungen sind in Tabelle 24 ersichtlich, der Anteil der Abkalbungen hat sich bis auf das Jahr 2013 nicht stark geändert. Der Grund warum vom Jahr 2013 nur wenige Leistungen vorhanden sind, ist auf die vielen unvollständigen Leistungsdaten und Abstammungsdaten zurück zu führen. Den höchsten Anteil hat das Kalbejahr 2012 mit 18,05%, das entspricht 7.296 Leistungen.

Tab. 24: Auflistung der Kalbejahre mit der Anzahl je Kalbejahr im Auswertungsdatensatz

Kalbejahr	Anzahl	%
2007	5.686	14,06
2008	5.827	14,41
2009	6.486	16,04
2010	6.771	16,75
2011	6.962	17,22
2012	7.296	18,05
2013	1.402	3,47

4.1.2 Trächtigkeitsdauer

Die Trächtigkeitsdauer, wurde auf den Bereich von Tag 269 bis zum 302. Tag eingeschränkt, um unrealistische Trächtigkeitsdauern nicht in der weiteren Auswertung zu behalten. Der Mittelwert über alle Abkalbungen liegt bei 286,7 Tagen, mit einer Standardabweichung von 4,99 Tagen. In anderen Arbeiten wurde für die Rasse Fleckvieh eine Trächtigkeitsdauer von 288,9 ±5,6 Tagen (Atteneder, 2007) und von 289,2 ±5,3 Tagen (Kraßnitzer, 2009) ermittelt. Der Minimum Wert betrug 270 Tage und der Maximum Wert 302 Tage, einen besseren Überblick über die Verteilung der Trächtigkeitsdauern wird in Abbildung 11 gezeigt.

Abb. 11: Verteilung der Trächtigkeitsdauer des eingeschränkten Datensatzes

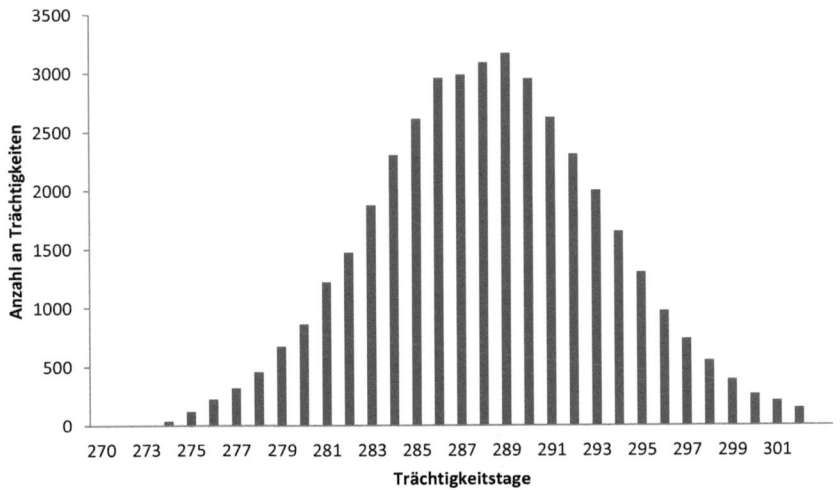

Weiters wurden die mittleren Trächtigkeitsdauern der ersten drei Laktationen separat erhoben, welche in Abbildung 12 dargestellt sind. In der ersten Abkalbung wurde eine mittlere Trächtigkeitsdauer von 287,18 Tagen mit einer Standardabweichung von 5,09 berechnet, wobei der Minimum Wert 270 Tage und der Maximum Wert 302 Tage betrug. Der Mittelwert der zweiten

36

Abkalbung betrug 288,33 Tage mit einer Standardabweichung von 4,99. Der Mittelwert der dritten Abkalbung betrug 289,10 Tage mit einer Standardabweichung von 4,99 Tagen. Der Minimum Wert von 274 Tagen und Maximum Werte von 302 Tage sind in der zweiten und dritten Abkalbung gleich. Vergleicht man die erste Abkalbung mit höheren Abkalbungen, wird ersichtlich, dass die erste Trächtigkeit eine geringere Trächtigkeitsdauer aufweist, als bei höheren Abkalbungen. Dies wird in anderen Arbeiten bestätigt (Atteneder, 2007; Kraßnitzer, 2009; Eaglen et al., 2011).

Abb. 12: Anzahl der beibehaltenen Trächtigkeiten der 1., 2. und 3. Abkalbung und Verteilung über die Trächtigkeitstage

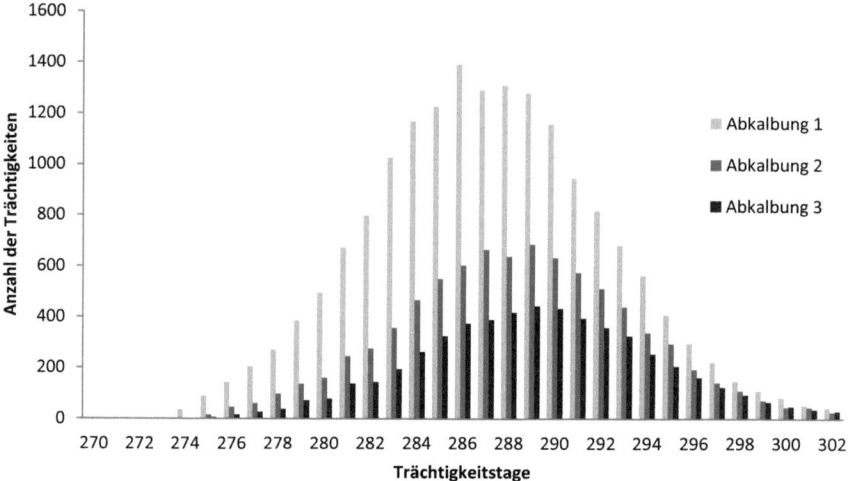

Es konnte ein Einfluss des Geschlechtes des Kalbes auf die Trächtigkeitsdauer festgestellt werden, männliche Kälber weisen eine durchschnittliche Trächtigkeitsdauer von 289 Tage auf und bei weiblichen Kälbern ist eine durchschnittliche Trächtigkeitsdauer von 287,37 Tagen festzustellen. Das bedeutet, dass Kühe mit männlichen Kälbern im Durchschnitt eine um 1,63 Tage längere Trächtigkeitsdauer aufweisen. Dies kann auch in anderen Arbeiten bestätigt werden (Hansen et al., 2004; Atteneder, 2007; Kraßnitzer, 2009).

Der Kalbemonat hat einen signifikanten Einfluss (p < 0,001) auf die Trächtigkeitsdauer, dies wird in der Arbeit von Kraßnitzer, 2009 bestätigt. In Abbildung 13 sieht man, dass in den Monaten von Juni bis September eine kürzere Trächtigkeitsdauer festzustellen ist. Von Oktober bis Mai kann eine längere Trächtigkeitsdauer beobachtet werden.

Abb. 13: Trächtigkeitsdauer in Abhängigkeit vom Kalbemonat

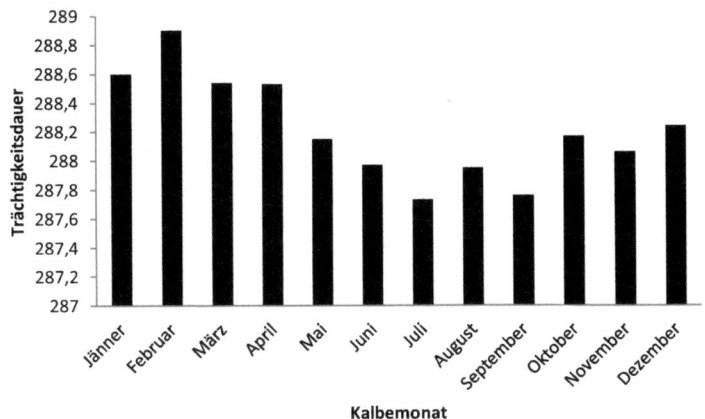

4.1.3 Kalbeverlauf

Der Kalbeverlauf ist in Tabelle 25 dargestellt, welche Informationen über alle Abkalbungen, von der 1. bis zur 3. Abkalbung und >3 Abkalbungen enthält. Erfasst wurden hierfür die Kalbeverlaufsklassen von 1 bis 4. In der Tabelle sind die Anzahl und der Anteil der Kalbeverlaufsklassen an der Gesamtanzahl der jeweiligen Abkalbung angeführt. Bei der ersten Abkalbung sind die meisten Schwergeburten mit 7,55% (Kalbeklasse 3 und 4) festzustellen, dieses Ergebnis kann in mehreren Arbeiten bestätigt werden (Pelt et al., 2007; Kraßnitzer, 2009; Eaglen et al., 2012). Am deutlichsten wird der Unterschied bei der Rasse Holstein ersichtlich, welche einen Schwergeburtenanteil von 11,20% in der ersten Abkalbung aufweisen (Pelt et al., 2007). Der Anteil an leichten Kalbungen ist ebenfalls in der ersten Abkalbung mit 44,57% am niedrigsten. Die höchsten Werte für einen leichten Kalbeverlauf zeigten Kühe bei der zweiten und dritten Abkalbung, wobei über 57% einen leichten Kalbeverlauf hatten. In Tabelle 25 ist ein Überblick über die berechneten Werte gegeben.

Tab. 25: Kalbeverlauf in allen Laktationen, sowie in den ersten 3 Abkalbungen und >3 Abkalbungen mit deren Anzahl und Anteil in Prozent

Kalbeverlauf	alle Abkalbungen		1. Abkalbung		2. Abkalbung		3. Abkalbung		>3 Abkalbungen	
	Anzahl	%	Anzahl	%	Anzahl	%	Anzahl	%	Anzahl	%
1	20.929	51,77	7.712	44,57	4.847	57,63	3.131	57,46	5.239	56,52
2	17.506	43,30	8.284	47,88	3.296	39,19	2.173	39,88	3.753	40,49
3	1.885	4,66	1.227	7,09	255	3,03	138	2,53	265	2,86
4	110	0,27	79	0,46	12	0,14	7	0,13	12	0,13
Gesamt	40.430		17.302		8.410		5.449		9.269	

Beim Merkmal Kalbeverlauf ist ein Einfluss des Kalbemonats festzustellen, ein höherer Kalbeverlaufswert wurde in den Monaten von Dezember bis Mai festgestellt, von Juni bis November ist ein geringerer Kalbeverlauf zu beobachten. In Abbildung 14 ist der Kalbeverlauf in Abhängigkeit vom Kalbemonat dargestellt. Auch in anderen Arbeiten (Eaglen and Bijma, 2009; Fürst, 2013) wurde ein signifikanter Einfluss (p < 0,001) des Kalbemonats auf den Kalbeverlauf festgestellt.

Abb. 14: Kalbeverlauf in Abhängigkeit vom Kalbemonat

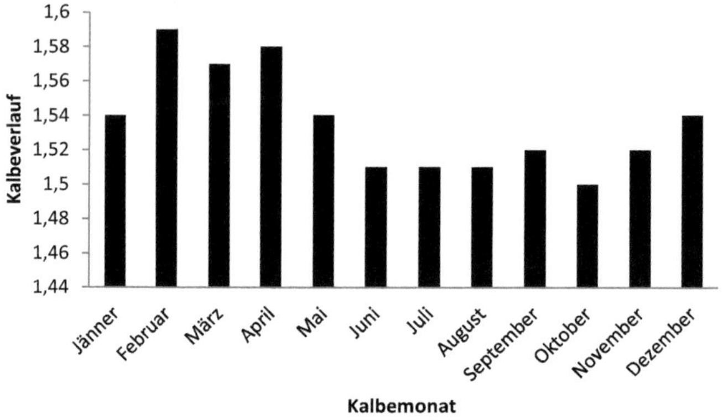

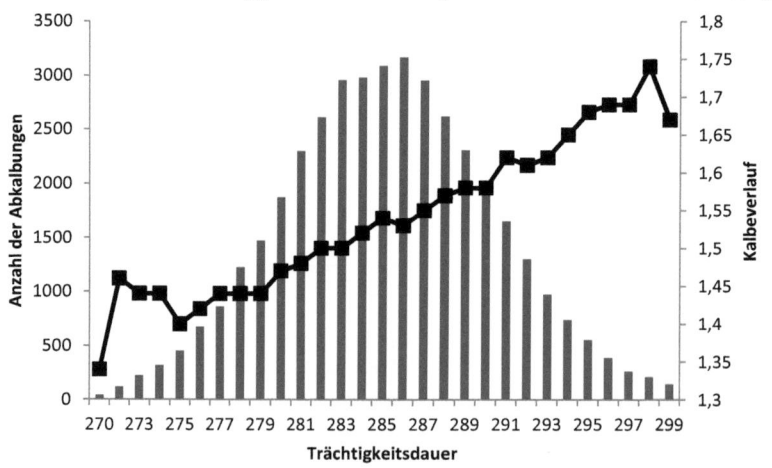

In Abbildung 15 ist der Kalbeverlauf in Abhängigkeit von der Trächtigkeitsdauer dargestellt. Die Beziehung ist linear, längere Trächtigkeitsdauern implizieren mehr Schwergeburten.

Abb. 15: Kalbeverlauf in Abhängigkeit von der Trächtigkeitsdauer und Anzahl der Abkalbungen

4.1.4 Totgeburten

Die Totgeburtenrate wurde für die gesamte Anzahl an Leistungen, für die 1. bis 3. Abkalbung und >3 Abkalbungen, sowie für Stier- und Kuhkälber berechnet. Der Wert über alle Abkalbungen liegt bei 2,86% und ist damit geringer als der ermittelte Wert in den Rohdaten. Im Jahresbericht der ZuchtData wurde für die Rasse Fleckvieh eine Totgeburtenrate von 3,72% angegeben (ZuchtData, 2013). Der höchste Wert wurde bei der ersten Abkalbung mit 4,79% festgestellt, der ermittelte Wert der ZuchtData betrug 4,43% (ZuchtData, 2013). Kraßnitzer, 2009 ermittelte eine Totgeburtenrate für Fleckvieh für alle Abkalbungen von 1,51%, für Erstlingskühe 3,26% und für ältere Kühe 0,83%. Die niedrigsten Werte sind bei der 2., 3. Abkalbung und größer 3 Abkalbungen, zwischen 1,12% und 1,52% festzustellen. Im Vergleich zu Holstein mit 11,6% (Eaglen et al., 2012) oder 10,66% (ZuchtData, 2013) sind die ermittelten Werte für Erstlingskühe sehr niedrig. Ein großer Unterscheid ist auch zwischen Stierkälber mit 3,50% und Kuhkälbern mit 2,17 % Totgeburtenrate zu beobachten, dies wurde auch in anderen Arbeiten festgestellt (Steinbock et al., 2003; Kraßnitzer, 2009; Eaglen et al., 2012). Tabelle 26 enthält eine genauere Darstellung über die Anzahl und Anteil von lebend und tot geborenen Kälbern.

Tab. 26: Totgeburtenrate dargestellt in Total, 1.-3. Abkalbungen und >3 Abkalbungen und Geschlecht des Kalbs

	Lebend geboren		tot geboren	
	Anzahl	%	Anzahl	%
Total	39.275	97,14	1.155	2,86
1. Abkalbung	16.474	95,21	828	4,79
2. Abkalbung	8.303	98,73	107	1,27
3. Abkalbung	5.370	98,55	79	1,45
>3 Abkalbungen	9.128	98,48	141	1,52
Stierkälber	20.256	96,50	738	3,50
Kuhkälber	19.182	97,83	424	2,17

Zusätzlich wurde erhoben, wie hoch der Anteil an lebend geborenen Kälbern je Kalbeklasse und der Anteil an tot geborenen Kälbern je Kalbeklasse ist. Bei den lebend geborenen Kälbern war mehr als die Hälfte nämlich 52,48% in Kalbeklasse 1 und 43,46% der Kälber in Kalbeklasse 2. Der Mittelwert von 1,52 mit einer Standardabweichung von 0,58 ist in Vergleich zum Mittelwert der tot geborenen Kälber von 2,03 mit einer Standardabweichung von 0,83 geringer. Bei den tot geborenen Tieren sind weniger Tiere in der Kalbeklasse 1 und 2, bei einem höheren Anteil in den Kalbeklassen 3 und 4. Zu ähnlichen Ergebnissen kamen Eaglen, Fürst-Waltl, et al. (2013) in ihrer Arbeit. Zur besseren Darstellung soll Tabelle 27 herangezogen werden.

Tab. 27: Prozent der lebend und tot geborenen Kälber nach dem Kalbeverlauf

	Mittelwert	SD	1	2	3	4
lebend geboren	1,52	0,58	52,43	43,46	3,89	0,21
tot geboren	2,03	0,83	31,05	37,37	29,43	2,13

In Tabelle 28 soll gezeigt werden, wie hoch der Anteil an lebend und tot geborenen Kälbern in der jeweiligen Kalbeverlaufsklasse ist. Bei den tot geborenen Kälbern sind vor allem in den Kalbeklassen 3 bis 4 sehr hohe Werte zu beobachten, in den Klassen 1 und 2 kamen nur 1,71% bzw. 2,45% der Kälber tot zur Welt.

Tab. 28: Anteil an lebende und tot geborene Kälber des jeweiligen Kalbeverlaufs

Geburtsverlauf	1		2		3		4	
Lebend geboren	20.572	98,29	17.078	97,55	1.540	81,69	85	77,27
tot geboren	357	1,71	428	2,45	345	18,30	25	22,73

In anderen Arbeiten wurde von einem Einfluss des Kalbemonats auf die Totgeburtenrate beschreiben (Steinbock et al., 2003; Kraßnitzer, 2009), in dieser Arbeit konnte kein signifikanter Einfluss (p= 0,077) festgestellt werden. In den Monaten von Mai bis Juli ist die Totgeburtenrate geringer als in den Monaten von August bis April. In Abbildung 16 ist dieser Zusammenhang dargestellt.

Abb. 16: Totgeburtenrate in Abhängigkeit vom Kalbemonat

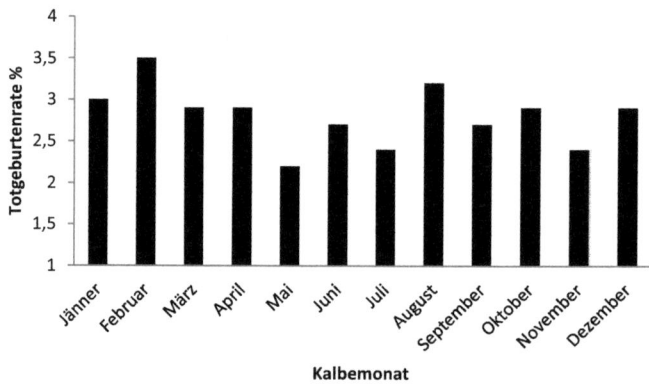

In Abbildung 17 ist der Zusammenhang zwischen Trächtigkeitsdauer in Tagen und Totgeburtenrate in Prozent dargestellt.Hier kann ein nichtlinearer Zusammenhang dargestellt werden.

Abb. 17: Anzahl der beibehaltenen Trächtigkeiten und Verteilung über die Trächtigkeitstage, sowie die Verteilung der Totgeburtenrate in Prozent

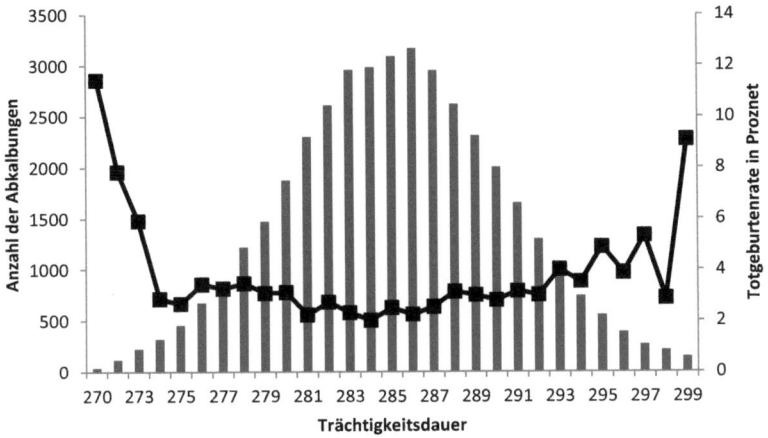

4.1.5 Frühe Fruchtbarkeitsstörungen

Bei den frühen Fruchtbarkeitsstörungen wiesen 1.155 Leistungen eine festgestellte Störung auf, das entspricht 2,85% der Kühe, 39.275 (97,14%) Kühe wiesen keine Störungen auf. Fürst et al., 2011 ermittelte für die Zuchtwertschätzung August 2011 eine Frequenz von 4,8% und für die Zuchtwertschätzung April 2013 4,5% (Fürst, 2013).

Der Kalbemonat zeigt keinen signifikanten Einfluss (p= 0,036) auf das Merkmal frühe Fruchtbarkeitsstörungen, es sind in den Sommermonaten von Juni bis August und in den Monaten Februar bis April erhöhte Werte zu sehen. In Abbildung 18 ist das Merkmal frühe Fruchtbarkeitsstörungen vom Kalbemonat sichtbar.

Abb. 18: Frühe Fruchtbarkeitstörungen in Abhängigkeit vom Kalbemonat

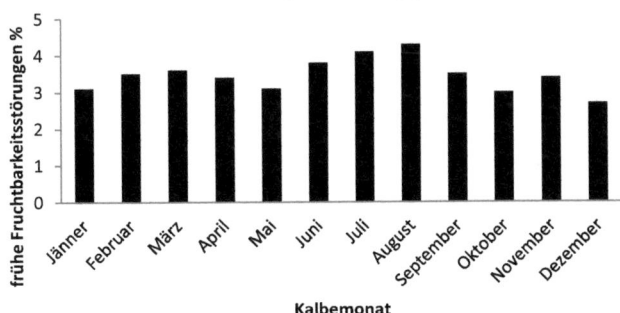

Frühe Fruchtbarkeitsstörungen treten häufig bei einer geringen Trächtigkeitsdauer auf, aber auch bei einer längeren Trächtigkeitsdauer als normal. In Abbildung 19 wird dies dargestellt. Sehr deutlich ist der nichtlineare Zusammenhang der beiden Merkmale sichtbar.

Abb. 19: Frühe Fruchtbarkeitsstörungen in Abhängigkeit von der Trächtigkeitsdauer und Anzahl der Abkalbungen

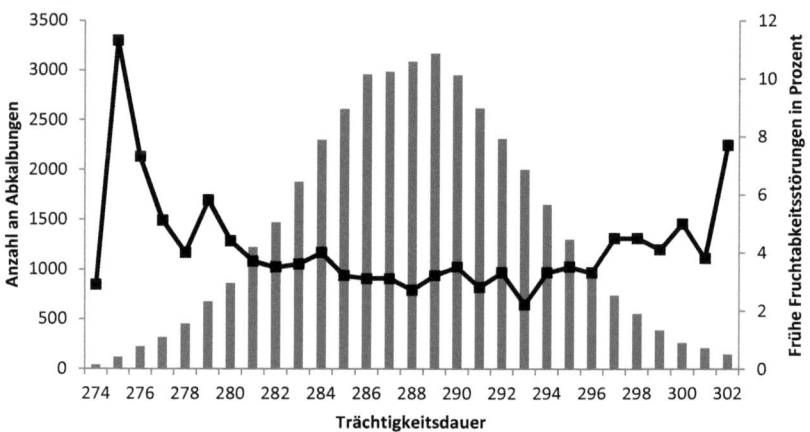

Bei Schwergeburten treten vermehrt frühe Fruchtbarkeitsstörungen auf, auch bei Totgeburten treten vermehrt frühe Fruchtbarkeitsstörungen auf. Bei lebend geborenen Kälbern liegt der Anteil an Kühen, welche eine frühe Fruchtbarkeitsstörung aufweisen bei 3,26% und bei tot geborenen Kälbern bei 9,01% (p< 0,001). In Abbildung 20 ist der Einfluss des Kalbeverlaufs dargestellt (p< 0,001). Das bedeutet, dass ein schwieriger Kalbeverlauf und Totgeburten eine höhere Wahrscheinlichkeit für frühe Fruchtbarkeitsstörungen aufweisen.

Abb. 20: Frühe Fruchtbarkeitsstörungen in Abhängigkeit vom Kalbeverlauf

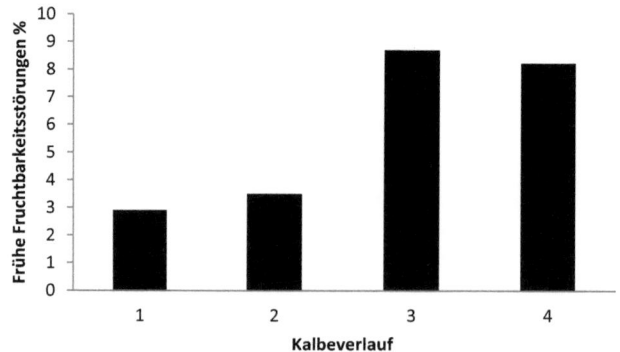

4.2 Genetische Parameter

4.2.1 Modell zur Berechnung der genetischen Parameter

Die Schätzung der genetischen Parameter für Trächtigkeitsdauer, Kalbeverlauf, Totgeburtenrate und frühe Fruchtbarkeitsstörungen erfolgte mit einem linearen bivariaten Tiermodell, welches mit dem Programm ASREML v3.0 (Gilmour et al., 2006) berechnet wurde. Geschätzt wurden die direkten und maternalen Heritabilitäten der einzelnen Merkmale für alle Laktationen und die genetischen Korrelationen zwischen den Merkmalen.

Das verwendete Modell für die Berechnungen:

$$Y_{ijklmno} = \mu + G_i + AK_j + JM_k + LK_l + a_m + n_n + hj_o + pu_n + e_{ijklmno}$$

$Y_{ijklmno}$	Trächtigkeitsdauer, Kalbeverlauf, Totgeburtenrate oder frühe Fruchtbarkeitsstörungen
μ	gemeinsame Konstante für alle Beobachtungswerte
G_i	fixer Effekt des Geschlechts des Kalbes
AK_j	fixer Effekt Alter der Kuh in Monaten
JM_k	fixer Effekt Kalbejahr*Kalbemonat
LK_l	fixer Effekt der Laktationsnummer
a_m	zufälliger direkter genetischer Effekt des Kalbes
n_n	zufälliger maternaler genetischer Effekt der Kuh
hj_o	zufälliger Effekt des Herdenjahres
pu_n	zufälliger permanenter Umwelteffekt der Kuh
$e_{ijklmno}$	Restkomponente, jener Teil von Y, der nicht durch die Parameter im Modell erklärt werden kann

4.2.2 Varianzen

In der unten angeführten Tabelle 29 sind die additiv direkte genetische Varianz, die additiv maternale genetische Varianz, die Residualvarianz, die phänotypische Varianz, die Herdenjahr Varianz und die Varianz der zufälligen Umwelt der Merkmale Trächtigkeitsdauer, Kalbeverlauf, Totgeburtenrate und frühe Fruchtbarkeitsstörungen, mit deren Standardabweichung angegeben.

Tab. 29: Varianzen der multivariaten Modelle mit deren Standardabweichung

	σ^2_{Ad}	σ^2_{Am}	σ^2_{res}	σ^2_{P}	σ^2_{H}	σ^2_{U}
Tr	13,897 ±1,221	2,347 ±0,432	7,412 ±0,640	24,704 ±0,373	1,263 ±0,350	0,588 ±0,290
Kv	0,011 ±0,003	0,010 ±0,003	0,252 ±0,004	0,342 ±0,003	0,052 ±0,002	0,016 ±0,004
Tot	0,0004 ±0,0001	0,0003 ±0,0001	0,0277 ±0,0005	0,0289 ±0,0002	0,0003 ±0,0001	0,0002 ±0,0004
fFru	0,0006 ±0,0002	0,0003 ±0,0001	0,0308 ±0,0005	0,0337 ±0,0003	0,001 ±0,0001	0,0007 ±0,0004

σ^2_{Ad}= additiv direkte genetische Varianz, σ^2_{Am}= additiv maternale genetische Varianz, σ^2_{res}= Residualvarianz, σ^2_{P}= phänotypische Varianz, σ^2_{H}= Herdenjahr Varianz σ^2_{U}= zufällige Umwelt Varianz, Tr = Trächtigkeitsdauer, Kv = Kalbeverlauf, Tot = Totgeburtenrate, fFru = frühe Fruchtbarkeitsstörungen

4.2.3 Kovarianzen

In der unten angeführten Tabelle 30 sind die Kovarianzen, der bivariaten Modelle, für die Merkmale Trächtigkeitsdauer, Kalbeverlauf, Totgeburtenrate und frühe Fruchtbarkeitsstörungen, mit deren Standardabweichung angegeben.

Tabelle 30: Kovarianzen der multivariaten Modelle mit Standardabweichung

	dircov (X,Y)	dirmatcov (X)	dirmatcov (Y,X)	dirmatcov (X,Y)	dirmatcov (Y)	matcov (X,Y)
Kv - Tr	0,195 ±0,044	0,0003 ±0,002	0,037 ±0,044	-0,025 ±0,025	-0,799 ±0,538	0,062 ±0,026
Kv - Tot	0,0014 ±0,0005	0,0009 ±0,002	0,0011 ±0,0004	-0,0006 ±0,0005	0,00002 ±0,0001	0,0013 ±0,0044
Kv - fFru	0,0006 ±0,0005	-0,0002 ±0,002	-0,0006 ±0,0005	0,0006 ±0,0005	-0,0002 ±0,0001	0,0008 ±0,0005
Tr - fFru	0,018 ±0,124	-0,814 ±0,541	-0,0032 ±0,007	0,014 ±0,012	-0,0002 ±0,0001	0,0074 ±0,0063
Tr - Tot	0,030 ±0,011	-0,797 ±0,538	-0,0057 ±0,006	-0,014 ±0,011	0,00003 ±0,0001	0,0054 ±0,0057
fFru - Tot	0,0001 ±0,0001	-0,0002 ±0,0001	0,0002 ±0,0001	-0,0001 ±0,0001	0,00004 ±0,0001	0,00003 ±0,0001

Tr = Trächtigkeitsdauer, Kv = Kalbeverlauf, Tot = Totgeburtenrate, fFru = frühe Fruchtbarkeitsstörungen, dircov(X,Y) = direkte Kovarianz zwischen Merkmal X und Merkmal Y, dirmatcov(X) = direkt maternale Kovarianz des Merkmals X , dirmatcov(Y,X) = direkt maternale Kovarianz zwischen Merkmal Y und Merkmal X, dirmatcov(X,Y) = direkt maternale Kovarianz zwischen Merkmal X und Merkmal Y, dirmatcov(Y) = direkt maternale Kovarianz des Merkmals Y, matcov(X,Y) = maternale Kovarianz zwischen Merkmal X und Merkmal Y

4.2.4 Heritabilitäten und genetische Korrelationen

Tab. 31: Direkte und maternale Heritabilitäten (Diagonale) und genetische Korrelationen (oberhalb Diagonale) für Trächtigkeitsdauer, Kalbeverlauf, Totgeburtenrate und frühe Fruchtbarkeitsstörungen mit deren Standardabweichung, multivariates Modell

h^2	Tr d	Tr m	Kv d	Kv m	Tot d	Tot m	fFru d	fFru m
Tr d	**0,563** **±0,043**	-0,141 ±0,084	0,508 ±0,095	0,094 ±0,115	0,421 ±0,137	-0,211 ±0,160	0,198 ±0,134	0,210 ±0,181
Tr m		**0,095** **±0,017**	-0,156 ±0,157	0,389 ±0,143	-0,194 ±0,203	0,199 ±0,205	-0,086 ±0,189	0,267 ±0,222
Kv d			**0,033** **±0,007**	0,032 ±0,189	0,661 ±0,140	-0,295 ±0,204	0,243 ±0,177	0,356 ±0,279
Kv m				**0,030** **±0,008**	0,579 ±0,205	0,725 ±0,172	-0,271 ±0,214	0,474 ±0,246
Tot d					**0,013** **±0,004**	0,091 ±0,287	0,232 ±0,206	0,757 ±0,285
Tot m						**0,011** **±0,004**	-0,291 ±0,258	0,089 ±0,320
fFru d							**0,018** **±0,005**	-0,402 ±0,233
fFru m								**0,009** **±0,004**

Tr = Trächtigkeitsdauer, Kv = Kalbeverlauf, Tot = Totgeburtenrate, fFru = frühe Fruchtbarkeitsstörungen, d = direkt, m = maternal

In Tabelle 31 sind die direkten und maternalen Heritabilitäten der Merkmale Trächtigkeitsdauer, Kalbeverlauf, Totgeburtenrate und frühe Fruchtbarkeitsstörungen auf der Diagonalen angegeben. Oberhalb der Diagonale sind die genetischen Korrelationen zwischen den Merkmalen angeführt. Um die Heritabilitäten und genetischen Korrelationen zu erhalten, wurde der Mittelwert der Ergebnisse der bivariaten Modelle herangezogen. Die zur Diskussion herangezogenen Werte für Heritabilitäten und genetische Korrelationen sind im Kapitel 2 Literatur in Tabellen aufgelistet.

Die direkte Heritabilität für Trächtigkeitsdauer beträgt 0,563 und ist damit relativ hoch, ähnlich hohe Werte wurden von Mujibi et al., 2009 (0,62) bei kanadischen Charolais, Manatrinon et al. (2009) (0,51) bei Murbodnern in Österreich, Kraßnitzer (2009) (0,647 bis 0,769) bei Holstein und (0,546 bis 0,455) bei Braunvieh in Österreich und von Eaglen et al. (2012) (0,41 bis 0,57) bei Holstein in Großbritannien gezeigt.

Für die maternale Trächtigkeitsdauer wurde eine Heritabilität von 0,095 ermittelt, welche deutlich unter dem Wert der direkten Heritabilität liegt. In der Literatur sind die maternalen Werte immer deutlich unter denen der direkten Heritabilitäten. Mujibi et al. (2009) (0,10) ermittelte einen ähnlichen Wert für kanadische Charolais und Eaglen et al. (2013) (0,09) für Holstein in

Großbritannien einen ebenfalls sehr ähnlichen Wert. Für Holstein in Dänemark ermittelte Hansen et al. (2004) einen Wert von 0,075, welcher im Bereich von Cervantes et al. (2010), Kraßnitzer (2009) und Eaglen et al. (2012) liegt.

Das Merkmal direkter Kalbeverlauf weist eine Heritabilität von 0,033 auf, welche sehr gering ist. Ähnlich geringe Werte wurden von Kraßnitzer, 2009 (0,037 bis 0,038) für die Rasse Holstein in Österreich festgestellt. Für Fleckvieh und Braunvieh in Österreich wurden von Fürst & Fürst-Waltl (2006) Heritabilitäten von 0,03 bis 0,09 festgestellt. Pelt et al., (2007) ermittelte für Holstein in den Niederlanden Heritabilitäten zwischen 0,052 und 0,068. Weitere Angaben aus der Literatur waren im Bereich über 0,01 (Hansen et al., 2004; Manatrinon et al., 2009; Eaglen, Coffey, et al., 2013; Eaglen, Fürst-Waltl, et al., 2013).

Für den maternalen Kalbeverlauf wurde eine Heritabilität von 0,030 geschätzt, welche in anderen Arbeiten in einem ähnlichen Bereich liegen. Eaglen et al. (2013) ermittelte eine Heritabilität von 0,04 für Holstein in Großbritannien, Fürst & Fürst-Waltl (2006) für Fleckvieh und Braunvieh in Österreich Werte von 0,02 bis 0,04 und Pelt et al. (2007) für Holstein in den Niederlanden von 0,035 bis 0,048. In der Literatur werden auch geringere Werte für dieses Merkmal angegeben (Kraßnitzer, 2009; Manatrinon et al., 2009).

Die Heritabilität für direkte Totgeburten beträgt 0,013, welche noch geringer ist als die Heritabilitäten für den Kalbeverlauf sind. Von Fürst & Fürst-Waltl (2006) wurden ebenfalls Werte in diesem Bereich ermittelt von 0,01 bis 0,02, Eaglen et al. (2012) schätzte eine Heritabilität von 0,02 für Holstein in Großbritannien. In derselben Höhe waren die geschätzten Werte von Kraßnitzer (2009) für Holstein in Österreich von 0,009 bis 0,024. Kleinere Vergleichswerte ermittelte Manatrinon et al. (2009) für Murbodner und Waldviertler Blondvieh und Kraßnitzer (2009) für Braunvieh in Österreich.

Ein ähnliches Ergebnis wurde für das Merkmal maternale Totgeburten mit einer Heritabilität von 0,011 festgestellt. In der Literatur waren zum Teil vergleichbare Werte zu finden (Fürst and Fürst-Waltl, 2006; Kraßnitzer, 2009; Manatrinon et al., 2009; Eaglen et al., 2012). Höhere Werte wurden von Hansen et al. (2004), Heringstad et al. (2007) geschätzt.

Für das Merkmal frühe Fruchtbarkeitsstörungen wurden eine direkte Heritabilität von 0,018 und eine maternale Heritabilität von 0,008 geschätzt. Die einzigen vergleichbaren Literaturstellen sind Fürst et al. (2011) und Fürst (2013) in denen eine Heritabilität von 0,023 für dieses Merkmal geschätzt wurde.

Sehr deutlich ersichtlich ist der Unterschied zwischen direkten und maternalen Heritabilitäten, wobei immer die maternale Heritabilität niedriger ist als die direkte. Dies ist auch in anderen Arbeiten zu bemerken (Fürst and Fürst-Waltl, 2006; Pelt et al., 2007; Manatrinon et al., 2009; Eaglen et al., 2012).

Die genetische Korrelation zwischen direkter und maternaler Trächtigkeitsdauer beträgt -0,141 mit einer Standardabweichung von 0,084 und ist nicht signifikant. Einen ähnlichen Wert ermittelte Hansen et al., 2004 in seiner Arbeit, in anderen Arbeiten waren die Korrelationen positiv (Manatrinon et al., 2009) bzw. kleiner als in dieser Arbeit ermittelte Wert (Kraßnitzer, 2009; Cervantes et al., 2010; Eaglen et al., 2012).

Trächtigkeitsdauer direkt und Kalbeverlauf direkt weisen eine signifikante genetische Korrelation von 0,508 ±0,095 auf. Das bedeutet, wenn die direkte Trächtigkeitsdauer länger ist, ist mit einem schlechteren direkten Kalbeverlauf zu rechnen. Ähnliche Werte sind in den Arbeiten von (Manatrinon et al., 2009; Eaglen et al., 2012) zu finden, bei Hansen et al. (2004) und Cervantes et al. (2010) wurde eine etwas niedrigere Korrelation festgestellt.

Zwischen Trächtigkeitsdauer direkt und Kalbeverlauf maternal wurde eine genetische Korrelation von 0,094 ±0,115 (nicht signifikant) berechnet, welche im Bereich der Berechnungen von Eaglen et al. (2012) liegt. Hansen et al. (2004) und Kraßnitzer (2009) ermittelten negative Korrelationen zwischen den beiden Merkmalen.

Die Korrelation zwischen Trächtigkeitsdauer direkt und Totgeburtenrate direkt beträgt 0,421 ±0,137 und ist signifikant, das bedeutet, dass bei einer längeren direkten Trächtigkeitsdauer eine höhere direkte Totgeburtenrate nachgewiesen werden kann. Die Korrelation liegt im Bereich der Arbeit von Hansen et al. (2004). Weitere Arbeiten ermittelten höhere positive Werte, aber auch negative Werte (Hansen et al., 2004; Kraßnitzer, 2009; Manatrinon et al., 2009; Eaglen et al., 2012).

Eine negative Korrelation weisen die Merkmale direkte Trächtigkeitsdauer und maternale Totgeburtenrate mit einem nicht signifikanten Wert von -0,211 ±0,160 auf. Dieser Wert liegt im Bereich von Werten aus den Arbeiten von Kraßnitzer, 2009 und Eaglen et al., 2012.

Positiv ist die Korrelation zwischen direkter Trächtigkeitsdauer und direkten frühen Fruchtbarkeitsstörungen mit 0,198 ±0,134 und für direkte Trächtigkeitsdauer und maternale frühe Fruchtbarkeitsstörungen wurde ein Wert von 0,210 ±0,181 ermittelt, wobei beide Korrelationen nicht signifikant sind.

Eine nicht signifikante genetische Korrelation ist zwischen den Merkmalen maternaler Trächtigkeitsdauer und direkten Kalbeverlauf von -0,156 ±0,157 zu beobachten. Ein ähnlicher Wert wurde von Eaglen et al. (2012) ermittelt.

Trächtigkeitsdauer maternal und Kalbeverlauf maternal weisen eine signifikante, positive genetische Korrelation von 0,389 ±0,143 auf. Bei einer längeren maternalen Trächtigkeitsdauer ist mit einer höheren Anzahl an maternalen Schwergeburten zu rechnen. In der Arbeit von Kraßnitzer (2009) wurde ein Wert in diesem Bereich für die österreichischen Holstein ermittelt.

Zwischen maternaler Trächtigkeitsdauer und direkter Totgeburtenrate wurde ein nicht signifikanter Wert von -0,194 ±0,203 berechnet. In der Arbeit von Eaglen et al. (2012) wurde ein Wert im selben Bereich ermittelt.

Nicht signifikant ist die genetische Korrelation zwischen maternaler Trächtigkeitsdauer und maternaler Totgeburtenrate mit einem Wert von 0,199 ±0,205. In der Literatur sind für diese beiden Merkmale strak negative (Hansen et al., 2004; Manatrinon et al., 2009) und höher positive (Kraßnitzer, 2009; Eaglen et al., 2012) Werte zu finden.

Die genetischen Korrelationen zwischen maternaler Trächtigkeitsdauer und direkten frühen Fruchtbarkeitsstörungen von -0,086 ±0,189 und maternaler Trächtigkeitsdauer und maternalen frühen Fruchtbarkeitsstörungen von 0,267 ±0,222 sind sehr gering und mit hohen Standardabweichungen versehen und somit nicht signifikant.

Kalbeverlauf direkt und Kalbeverlauf maternal weisen eine sehr geringe nicht signifikante Korrelation von 0,032 ±0,189 auf. Andere Arbeiten weisen überwiegend negative Werte auf (Fürst and Fürst-Waltl, 2006; Heringstad et al., 2007; Manatrinon et al., 2009; Cervantes et al., 2010; Eaglen et al., 2012). Hansen et al. (2004) ermittelte ebenfalls eine positive Korrelation zwischen den beiden Merkmalen.

Für die Merkmale direkter Kalbeverlauf und direkte Totgeburtenrate wurde eine signifikante genetische Korrelation von 0,661 ±0,140 berechnet. Bei einer höheren Wahrscheinlichkeit für eine direkte Schwergeburt ist mit einer erhöhten direkten Totgeburtenrate zu rechnen. In der Literatur sind Werte in derselben Höhe zu finden (Fürst and Fürst-Waltl, 2006; Heringstad et al., 2007; Manatrinon et al., 2009; Eaglen et al., 2012).

Ein negativer Wert ist für die nicht signifikante genetische Korrelation zwischen direkter Trächtigkeitsdauer und maternaler Totgeburtenrate von -0,243 ±0,204 festzustellen. In vergleichbaren Arbeiten kann dieser negative Zusammenhang bestätigt werden (Kraßnitzer, 2009; Eaglen et al., 2012).

Positive nicht signifikante Korrelationen weisen die Merkmale direkter Kalbeverlauf und direkte frühe Fruchtbarkeitsstörungen von 0,243 ±0,177 und die Merkmale direkter Kalbeverlauf und maternale frühe Fruchtbarkeitsstörungen von 0,356 ±0,279 auf.

Die signifikante genetische Korrelation zwischen maternalen Kalbeverlauf und direkter Totgeburtenrate beträgt 0,579 ±0,205. Bei einer hohen direkten Totgeburtenrate als Kalb ist mit einer höheren maternalen Schwergeburtenrate als Kuh zu rechnen. Von Kraßnitzer (2009) wurde für Braunvieh in der 1. Laktation ein noch höherer Wert ermittelt.

Maternaler Kalbeverlauf und maternale Totgeburtenrate weisen eine signifikante genetische Korrelation von 0,725 ±0,172 auf. Bei einer hohen maternalen Schwergeburtenrate ist mit einer hohen maternalen Totgeburtenrate zu rechnen. In anderen Arbeiten sind Werte in ähnlicher Höhe zu finden (Fürst and Fürst-Waltl, 2006; Heringstad et al., 2007; Kraßnitzer, 2009; Eaglen et al., 2012).

Zwischen den Merkmalen maternaler Kalbeverlauf und direkte frühe Fruchtbarkeitsstörungen wurde eine negative Korrelation von -0,271 ±0,214 festgestellt und zwischen Kalbeverlauf maternal und frühe Fruchtbarkeitsstörungen maternal eine positive Korrelation von 0,474 ±0,246, beide Korrelationen sind nicht signifikant.

Eine leicht positive Korrelation wurde zwischen direkter Totgeburtenrate und maternaler Totgeburtenrate von 0,091 ±0,287 festgestellt, durch die hohe Standardabweichung ist die Korrelation nicht signifikant. Werte aus der Literatur sind meist stark negativ bzw. einige stark positiv (Fürst and Fürst-Waltl, 2006; Kraßnitzer, 2009; Manatrinon et al., 2009; Eaglen et al., 2012).

Totgeburtenrate direkt und frühe Fruchtbarkeitsstörungen direkt weisen eine nicht signifikante genetische Korrelation von 0,232 ±0,206 auf, für Totgeburtenrate direkt und frühe Fruchtbarkeitsstörungen maternal ist eine signifikante genetische Korrelation von 0,757 ±0,285 ermittelt worden. Bei einer erhöhten direkten Totgeburtenrate als Kalb kommt es zu einer höheren Wahrscheinlichkeit für maternale frühe Fruchtbarkeitsstörungen als Kuh.

Die nicht signifikanten genetischen Korrelation zwischen den Merkmalen maternale Totgeburtenrate und direkte frühe Fruchtbarkeitsstörungen ist negativ mit einem Wert von -0,291 ±0,258 und die genetische Korrelation zwischen Totgeburtenrate maternal und frühe Fruchtbarkeitsstörungen maternal ist leicht positiv mit 0,089 ±0,320, aber durch die sehr hohe Standardabweichung nicht signifikant. Zwischen den Merkmalen frühe Fruchtbarkeitsstörungen direkt und frühe Fruchtbarkeitsstörungen maternal besteht eine negative nicht signifikante genetische Korrelation von -0,402 ±0,233.

4.3 Nichtlineare Beziehung zwischen Trächtigkeitsdauer und den anderen untersuchten Merkmalen

Bei einer zu langen und einer zu kurzen Trächtigkeitsdauer sind eine erhöhte Totgeburtenrate und eine erhöhte Anzahl an frühen Fruchtbarkeitsstörungen zu beobachten (siehe Abbildungen 17 und 19). Dies wird auch in anderen Arbeiten für das Merkmal Totgeburtenrate bestätigt (Hansen et al., 2004; Eaglen et al., 2012). Dieser Zusammenhang deutet auf eine sehr starke nichtlineare Beziehung zwischen Trächtigkeitsdauer und den Merkmalen Totgeburtenrate und frühe Fruchtbarkeitsstörungen hin. Zu beachten ist, dass die Schätzung von genetischen Korrelationen lineare Beziehungen erfasst und die aus der deskriptiven Statistik offensichtlichen nichtlinearen Beziehungen zwischen Trächtigkeitsdauer und den anderen untersuchten Merkmalen nicht abbilden kann. Genetische Korrelationen zeigen nicht die offensichtlich nichtlineare Beziehung zwischen Trächtigkeitsdauer und anderen Merkmalen. Für die Zuchtwertschätzung werden genetische Korrelationen verwendet, welche einen linearen Zusammenhang zwischen den Merkmalen beschreiben (Sölkner and James, 1994).

Um nichtlineare Zusammenhänge zwischen Merkmalen zu beschreiben haben Sölkner und James (1994) ein genetisches Modell entwickelt. Methoden zur Schätzung solcher Zusammenhänge zwischen Merkmalen für Eltern-Nachkommen-Regression und Halbgeschwisteranalyse wurden von Fürst-Waltl et al. (1997) entwickelt und von Fürst-Waltl et al. (1998) für die Beziehung von Milchleistung und Exterieurmerkmale angewandt. In der vorliegenden Arbeit wurde dieser Ansatz nicht verfolgt.

Die Ergebnisse dieser Arbeit mit hoher Heritabilität für Trächtigkeitsdauer zeigen, dass eine Routine-Zuchtwertschätzung sehr verlässliche Ergebnisse für dieses Merkmal liefern würde. Die Standard-Prozeduren zur Nutzung korrelierter Merkmale zur Verbesserung der Zuchtwerte für niedrig heritable Merkmale, wie etwa die Verwendung von Exterieurmerkmalen für die Zuchtwertschätzung von Nutzungsdauer (Fürst, 2013) greifen nicht. Eine Erweiterung des Systems des Gesamtzuchtwerts zur Einbeziehung nicht-linearer Beziehungen zwischen Merkmalen (Sölkner and Fürst-Waltl, 1996) ist bislang nicht erfolgt. Die vorliegende Arbeit regt zur Entwicklung solcher Methoden an.

5. Schlussfolgerungen

Die deskriptive Statistik zeigt, dass Erstlingskühe eine kürzere Trächtigkeitsdauer, als Kühe mit einer höheren Anzahl an Abkalbungen aufweisen. Bei der ersten Trächtigkeit konnte eine mittlere Trächtigkeitsdauer von 287,18 Tagen ermittelt werden und bei der dritten Trächtigkeit eine Dauer von 289,10 Tagen. Das Geschlecht hat einen Einfluss auf die Trächtigkeitsdauer, männliche Kälber weisen eine um 1,63 Tage höhere Trächtigkeitsdauer auf. Der Kalbemonat hat einen Einfluss auf dieses Merkmal.

Der Kalbeverlauf bei Erstlingskühen zeigt mehr Schwergeburten, als bei höheren Laktationen, was wahrscheinlich durch einen schwierigen Kalbeverlauf und die Körpergröße bei Erstlingskühen erklärt werden kann. Ab der dritten Laktation steigt jedoch der Anteil an Abkalbungen in der Kalbeklasse 2 und 3 leicht an. Im Vergleich mit anderen Arbeiten zur gleichen Rasse ist der Anteil an Schwergeburten geringer. Ein Einfluss des Kalbemonats wurde von Dezember bis Mai festgestellt.

Die Anzahl der Totgeburten ist in der ersten Laktation am höchsten, der Anteil an tot geborenen Kälbern ist ab der dritten Laktation leicht erhöht, ähnlich wie beim Kalbeverlauf. Stierkälber weisen einen höheren Anteil an Totgeburten auf, als Kuhkälber. Totgeburten weisen einen schwereren Kalbeverlauf auf als lebend geborene Kälber. Deutlich zu sehen ist, dass es eine höhere Anzahl an toten Kälbern bei Schwergeburten gibt. Der Kalbemonat hat keinen signifikanten Einfluss (p= 0,077) auf die Totgeburtenrate.

Frühe Fruchtbarkeitsstörungen treten häufiger bei einer kürzeren und einer längeren Trächtigkeitsdauer als normal auf. Bei Schwergeburten und Totgeburten wurde eine höhere Wahrscheinlichkeit für frühe Fruchtbarkeitsstörungen festgestellt.

Die ermittelten Heritabilitäten wurden mit Ergebnissen aus anderen Arbeiten verglichen und es konnten ähnliche Werte gefunden werden. Die Heritabilität für Trächtigkeitsdauer direkt beträgt 0,563, die für Trächtigkeitsdauer maternal beträgt 0,095. Kalbeverlauf direkt mit einer Heritabilität von 0,033 und Kalbeverlauf maternal mit 0,030 sind nahezu ident, dasselbe bei Totgeburten direkt mit 0,013 und Totgeburten maternal mit 0,011. Bei frühen Fruchtbarkeitstörungen ist der Unterschied zwischen direkt mit 0,018 und maternal 0,008 etwas höher, aber die beiden Heritabilitäten sind sehr gering.

Die genetische Korrelation zwischen Trächtigkeitsdauer direkt und Kalbeverlauf direkt ist signifikant und bedeutet, bei einer längeren Trächtigkeitsdauer wird der Kalbeverlauf schwieriger und umgekehrt. Zwischen Trächtigkeitsdauer direkt und Totgeburtenrate direkt ist ebenfalls eine signifikante Korrelation zu beobachten, Weiters liegt eine signifikante Korrelation zwischen

Trächtigkeitsdauer maternal und Kalbeverlauf maternal vor, hier gilt dasselbe, wie bei den direkten Merkmalen. Es ist zu bedenken, dass die Schätzung von genetischen Korrelationen lineare Beziehungen erfasst und die aus der deskriptiven Statistik offensichtlich nichtlinearen Beziehungen zwischen Trächtigkeitsdauer und den anderen untersuchten Merkmalen nicht abbilden kann. Kalbeverlauf direkt und Totgeburtenrate direkt weisen eine hohe genetische signifikante Korrelation auf und somit kann gesagt werden, wenn der Kalbeverlauf schlechter wird, erhöht sich automatisch die Totgeburtenrate und umgekehrt. Maternaler Kalbeverlauf und direkte Totgeburtenrate weisen ebenfalls eine signifikante Korrelation auf, das bedeutet, wenn die direkte Totgeburtenrate als Kalb steigt, mit einer höheren maternalen Schwergeburtenrate als Kuh zu rechnen ist. Zwischen Kalbeverlauf maternal und Totgeburtenrate maternal ist ebenfalls eine signifikante genetische Korrelation zu beobachten, mit denselben Auswirkungen, wie bei den direkten Merkmalen. Eine hohe genetische Korrelation ist zwischen direkter Totgeburtenrate und maternalen frühen Fruchtbarkeitsstörungen zu sehen und bewirkt so eine hohe direkte Totgeburtenrate als Kalb, eine höhere Wahrscheinlichkeit für maternale frühe Fruchtbarkeitsstörungen als Kuh. Alle anderen Korrelationen waren nicht signifikant.

Die genetischen Korrelationen zwischen Kalbeverlauf und Totgeburtenrate zeigen, dass sich beide Merkmale gegenseitig beeinflussen und eine Verbesserung des einen Merkmals eine Verbesserung des anderen Merkmals mit sich bringt. Die Trächtigkeitsdauer weist ebenfalls einen Einfluss auf Totgeburten und Kalbeverlauf auf und könnte als Hilfsmerkmal für die Zuchtwertschätzung aufgrund der höheren Heritabilitäten im Vergleich zu Kalbeverlauf und Totgeburtenrate und der leichten Erfassung herangezogen werden. Für das Merkmal direkte frühe Fruchtbarkeitsstörungen konnte nur eine signifikante Korrelation mit dem Merkmal maternale Totgeburtenrate festgestellt werden.

6. Zusammenfassung

Die Trächtigkeit und Abkalbung ist ein wichtiges Thema in der Rinderzucht und aus diesem Grund sollte diese Masterarbeit einen Überblick über die Rasse Fleckvieh geben. Es wurde eine deskriptive Statistik der vorhandenen Daten vorgenommen und eine genetische Analyse der Merkmale Trächtigkeitsdauer, Kalbeverlauf, Totgeburtenrate und frühe Fruchtbarkeitsstörungen durchgeführt.

Kalbeschwierigkeiten und Totgeburten, aber auch frühe Fruchtbarkeitsstörungen verursachen Kosten und Verluste und beeinflussen das Wohlbefinden der Tiere. Darum sollte bei der züchterischen Auswahl auf diese Merkmale besonders geachtet werden.

Der Rohdatensatz wurde von der ZuchtData EDV-Dienstleistungs GmbH zur Verfügung gestellt und umfasste 327.478 Daten des Rinderzuchtverbands Steiermark der Jahre 2007 bis 2013. Dieser wurde auf einen Datensatz mit 40.300 Abkalbungen eingeschränkt, deren Datenstruktur für die genetischen Analysen gut geeignet ist. Die deskriptive Statistik der Rohdaten wurde mit dem Softwarepaket SAS durchgeführt und die Schätzung der genetischen Parameter wurde mit dem Programm ASREML durchgeführt.

Zur Trächtigkeitsdauer ist zu bemerken, dass es Unterschiede in der Dauer der Trächtigkeiten zwischen den Laktationen und dem Geschlecht des Kalbes gibt. Erstlingskühe weisen eine deutlich kürzere Trächtigkeitsdauer als Tiere mit mehr Abkalbungen auf, ebenfalls zeigen sie erhöhte Kalbeschwierigkeiten und Totgeburtenraten. Kühe ab der vierten Abkalbung zeigen ebenfalls einen leichten Anstieg der Kalbeschwierigkeiten und der Totgeburtenrate, im Vergleich zu Kühen mit zwei und drei Abkalbungen. Weiters hat der Kalbemonat einen Einfluss auf die Trächtigkeitsdauer.

Männliche Kälber weisen eine höhere Totgeburtenrate als weibliche Kälber auf. Der Zusammenhang zwischen Schwergeburten und Totgeburten ist in den Ergebnissen sehr gut sichtbar. So zeigen schwer geborene Kälber eine höhere Tendenz für eine Totgeburt. Für den Kalbeverlauf kann ein Einfluss des Kalbemonats festgestellt werden.

Frühe Fruchtbarkeitsstörungen treten häufiger bei kurzen und langen Trächtigkeitsdauern auf. Bei Schwergeburten und Totgeburten wurde eine höhere Wahrscheinlichkeit für frühe Fruchtbarkeitsstörungen festgestellt.

Die phänotypische Beziehung zwischen Trächtigkeitsdauer und den Merkmalen Totgeburtenrate und frühe Fruchtbarkeitsstörungen ist deutlich nichtlinear. Kühe mit sehr kurzen und sehr langen Trächtigkeiten zeigen erhöhte Totgeburtenraten und vermehrt frühe Fruchtbarkeitsstörungen.

Die Heritabilitäten zeigen sehr deutlich, dass die maternalen Werte immer niedriger sind als die direkten. Für das Merkmal Trächtigkeitsdauer wurde eine hohe Heritabilität von 0,563 festgestellt, wobei der maternale Wert 0,095 beträgt. Für Kalbeverlauf, Totgeburtenrate und frühe Fruchtbarkeitsstörungen wurden sehr niedrige Heritabilitäten ermittelt. Die genetischen Korrelationen zwischen den Merkmalen sind zum Teil signifikant, andere sehr gering. Es kann jedoch eine Beziehung zwischen Kalbeverlauf und Totgeburtenrate festgestellt werden. Weiters wurde ein Einfluss der Trächtigkeitsdauer auf die Merkmale Totgeburtenrate und Kalbeverlauf festgestellt. Es ist allerdings zu bedenken, dass genetische Korrelationen nicht die offensichtlich nichtlineare Beziehung zwischen Trächtigkeitsdauer und den Merkmalen Totgeburtenrate und frühe Fruchtbarkeitsstörungen abbilden.

Die Trächtigkeitsdauer könnte indirekt eine Selektion auf besseren Kalbeverlauf und eine bessere Totgeburtenrate ermöglichen, da signifikante genetische Korrelationen und hohe Heritabilitäten vorliegen. Es muss darauf geachtet werden, dass extreme Abweichungen in beide Richtungen (kurze und lange Trächtigkeiten) negativ auf Totgeburten und frühe Fruchtbarkeitsstörungen wirken. Dies wird durch konventionelle Methoden der Mehrmerkmalsselektion nicht berücksichtigt.

7. Summary

Gestation and calving ease are parameters with a very important role in cattle production. This master thesis should give an overview for several related traits for the breed Fleckvieh. Descriptive statistics of the data and a genetic analysis of the traits gestation length, calving ease, stillbirth and early reproductive disorders are presented.

Calving ease, stillbirth and early reproductive disorders cause costs, lead to losses and influence animal welfare. Therefore these traits need to be considered for breeding decisions.

The raw data set was provided by ZuchtData EDV-Dienstleistungen GmbH and included 327,478 records of the breeding association of Styria from the years 2007 to 2013. This dataset was edited to a dataset with 40,300 records, to keep records which have a good data structure for genetic analysis. The descriptive statistics were calculated with the software package SAS and the genetic analyses were done with ASREML.

For gestation length, there was a difference between first and later parities, with first calving cows showing a shorter gestation length. Also, calving difficulties and stillborn calves were more often observed in first parity cows than in later parities. Cows with more than 3 parities show higher rates of calving difficulties and stillborn calves, compared to second and third calving cows. Calving month has an effect on gestation length.

Male calves are stillborn more frequently than female calves. There is a positive correlation between calving difficulties and rates of stillbirth. Calving ease is affected by the calving month. Early reproductive disorders occur more frequently after short and long gestation. The phenotypic relationships between gestation length and stillbirth rate as well as early reproductive disorders are strongly non-linear. Cows with a very short and a very long gestation length show a higher stillbirth rate and more early reproductive disorders.

All maternal values show smaller heritabilities than the direct values. Gestation length shows the highest heritability with 0.536 for direct and 0.095 for maternal. For the traits calving ease, stillbirth and early reproductive disorders the heritabilities are very low. Genetic correlations between the traits are not always significant, because of small values. Significant genetic correlations were found between calving ease and stillbirth as well as between gestation length and stillbirth and calving ease. By definition, genetic correlations are not able to indicate non-linear relationships between traits.

Due to its high heritability, gestation length has the potential of being a valuable trait for indirect selection for stillbirth and early reproductive disorders. For that to be implemented, the current selection index methodology considering only linear relationships between traits needs to be modified.

8. Literaturverzeichnis

Atteneder, V. 2007. Analyse der Zwillings- und Mehrlingsgeburten in der Österreichischen Milchviehpopulation. Diplomarbeit Univ. für Bodenkultur Wien.

Cervantes, I., J. P. Gutiérrez, I. Fernández, and F. Goyache. 2010. Genetic relationships among calving ease, gestation length, and calf survival to weaning in the Asturiana de los Valles beef cattle breed. J. Anim. Sci. 88:96–101.

Cue, R. I., and J. F. Hayes. 1985. Correlations of various direct and maternal effects for calving ease. J. Dairy Sci. 68:374–81.

Eaglen, S. A. E., and P. Bijma. 2009. Genetic parameters of direct and maternal effects for calving ease in Dutch Holstein-Friesian cattle. J. Dairy Sci. 92:2229–37.

Eaglen, S. A. E., M. P. Coffey, J. A. Woolliams, R. Mrode, and E. Wall. 2011. Phenotypic effects of calving ease on the subsequent fertility and milk production of dam and calf in UK Holstein-Friesian heifers. J. Dairy Sci. 94:5413–23.

Eaglen, S. A. E., M. P. Coffey, J. A. Woolliams, and E. Wall. 2012. Evaluating alternate models to estimate genetic parameters of calving traits in United Kingdom Holstein-Friesian dairy cattle. Genet. Sel. Evol. 44:23.

Eaglen, S. A. E., M. P. Coffey, J. A. Woolliams, and E. Wall. 2013. Direct and maternal genetic relationships between calving ease, gestation length, milk production, fertility, type, and lifespan of Holstein-Friesian primiparous cows. J. Dairy Sci. 96:4015–25.

Eaglen, S. A. E., B. Fürst-Waltl, and J. Sölkner. 2013. Calving Performance in the Endangered Murboden Cattle Breed : Genetic Parameters and Inbreeding Depression. Agric. conspec. sci. 78:171–175.

Eaglen, S. A. E. 2013. Descriptive Statistics and Genetic Parameters Murboden Calving Ease Data 2000 - 2013. Univ. für Bodenkultur Wien.

Egger-Danner, C., B. Fürst-Waltl, W. Obritzhauser, C. Fürst, H. Schwarzenbacher, B. Grassauer, M. Mayerhofer, and A. Koeck. 2012. Recording of direct health traits in Austria — Experience report with emphasis on aspects of availability for breeding purposes. J. Dairy Sci. 95:2765–2777.

Fürst, C., and B. Fürst-Waltl. 2006. Züchterische Aspekte zu Kalbeverlauf, Totgeburtenrate und Nutzungsdauer in der Milchviehzucht. Züchtungskunde 78:365–383.

Fürst, C., A. Koeck, C. Egger-Danner, and B. Fürst-Waltl. 2011. Routine genetic evaluation for direct health traits in Austria and Germany. Interbull:s.p.

Fürst, C. 2013. Zuchtwertschätzung beim Rind (Grundlagen, Methoden und Interpretation). Zucht Data EDV-Dienstleistungen GmbH.

Fürst-Waltl, B., A. Essl, and J. Sölkner. 1997. Nonlinear genetic relationships between traits and their implications on the estimation of genetic parameters. J. Anim. Sci. 73:3119–3125.

Fürst-Waltl, B., J. Sölkner, A. Essl, I. Hoeschele, and C. Fürst. 1998. Non-linearity in the genetic relationship between milk yield and type traits in Holstein cattle. Livest. Prod. Sci. 57:41–47.

Gilmour, A. R., B. R. Gullis, S. J. Welham, and R. Thompson. 2006. ASReml User Guide Release 2.0. VSN Int. Ltd., Hemel Hempstead, UK.

Hansen, M., M. S. Lund, J. Pedersen, and L. G. Christensen. 2004. Gestation length in Danish Holsteins has weak genetic associations with stillbirth, calving difficulty, and calf size. Livest. Prod. Sci. 91:23–33.

Heringstad, B., Y. M. Chang, M. Svendsen, and D. Gianola. 2007. Genetic analysis of calving difficulty and stillbirth in Norwegian Red cows. J. Dairy Sci. 90:3500–3507.

Kraßnitzer, A. 2009. Die Trächtigkeitsdauer als mögliches Hilfsmerkmal für die Zuchtwertschätzung Kalbeverlauf und Totgeburtenrate beim Rind. Masterarbeit Univ. für Bodenkultur Wien.

Manatrinon, S., B. Fürst-waltl, and R. Baumung. 2009. Genetic parameters for calving ease , gestation length and stillbirth in three endangered Austrian blond cattle breeds. Arch. Tierzucht 52:553–560.

Mujibi, F. D. N., and D. H. Crews. 2009. Genetic parameters for calving ease, gestation length, and birth weight in Charolais cattle. J. Anim. Sci. 87:2759–66.

Pelt, M. L. van, G. de Jong, H. Eding, and J. E. Roelfzema. 2007. Analysis of Calving Traits with a Multitrait Animal Model with a Correlated Direct and Maternal Effect. Interbull:138–141.

SAS Institute. 2006. SAS/STAT Software. Release 9.1. SAS Insitute, Inc. Cary, NC.

Sölkner, J., and B. Fürst-Waltl. 1996. Nonlinear heritabilities and curvilinear relationships : Genetic factors complicating selection for functional traits. Interbull.

Sölkner, J., and J. W. James. 1994. CURVILINEARTIY IN THE RELATIONSHIP BETWEEN TRAITS COMPETING FOR RESOURCES: A GENETIC MODEL. n.a.:151–154.

Steinbock, L., A. Näsholm, B. Berglund, K. Johansson, and J. Philipsson. 2003. Genetic effects on stillbirth and calving difficulty in Swedish Holsteins at first and second calving. J. Dairy Sci. 86:2228–2235.

Willham, R. L. 1963. The covariance between relatives for characters composed of components contributed by related individuals. Biometrics:19:18–27.

ZuchtData. 2013. Jahresbericht 2013. Zucht Data EDV-Dienstleistungen GmbH.

9. Tabellen- und Abbildungsverzeichnis

Tabellenverzeichnis

Tab. 1: Geschätzte Heritabilitäten aus der Literatur für Trächtigkeitsdauer 5

Tab. 2: Genetische Korrelationen Für Trächtigkeitsdauer aus der Literatur................................. 6

Tab. 3: Auflistung von Kalbeverlauf, aus der Literatur von Klasse 1 bis 5, für verschiedene Rassen... 11

Tab. 4: Schwergeburten und Totgeburtenrate (in %), alle Laktationen und 1. Laktation (ZuchtData, 2013)........................ 12

Tab. 5: Geschätzte Heritabilitäten aus der Literatur für Kalbeverlauf 13

Tab. 6: Genetische Korrelationen für das Merkmal Kalbeverlauf aus der Literatur 14

Tab. 7: Geschätzte Heritabilitäten aus der Literatur für Totgeburtenrate.......................... 18

Tab. 8: Genetische Korrelationen für das Merkmal Totgeburtenrate aus der Literatur.................... 19

Tab. 9: Deskriptive Statistik der Rohdaten 24

Tab. 10: Geburtsjahrgänge der Kälber mit Anzahl und Anteil an Abkalbungen 24

Tab. 11: Generelle Statistik über Kühe, Stiere, Mütterliche Großväter und Betriebe 25

Tab. 12: Abkalbung, Anzahl der Abkalbungen, Mittelwert, Standardabweichung, Minimum und Maximum des Alters der Kuh in Monaten bei der Abkalbung 26

Tab. 13: Restriktionen für das Kalbealter in Monaten und Anzahl der Kühe, die.................... 27

Tab. 14: Kalbeverlauf in allen Laktationen, sowie in den ersten 3 Abkalbungen und >3 Abkalbungen, eingeteilt in Kalbeverlaufsklassen mit deren Anzahl und Anteil in Prozent 29

Tab. 15: Auflistung der Geburtstypen und deren Anzahl, sowie Anteil in Prozent.................... 29

Tab. 16: Totgeburtenrate dargestellt in Total, 1.-3. Abkalbung, >3 Abkalbungen und Geschlecht des Kalbs, mit deren Anzahl und Anteil in Prozent.................... 30

Tab. 17: Prozent der lebend und tot geborenen Kälber nach dem Kalbeverlauf 30

Tab. 18: Anzahl und Anteil in Prozent an lebenden und tot geborenen Kälbern des jeweiligen Kalbeverlaufs.................... 30

Tab. 19: Kalbejahre im Datensatz für frühe Fruchtbarkeitsstörungen.................... 31

Tab. 20: Liste der Einschränkungen mit Anzahl der gelöschten Daten und der verbliebenen Daten .. 33

Tab. 21: Deskriptive Statistik der eingeschränkten Daten 34

Tab. 22: Generelle Statistik der eingeschränkten Daten.................... 35

Tab. 23: Abkalbung, Anzahl je Abkalbung, Anteil an Gesamtdaten, Mittelwert, Standardabweichung, Minimum und Maximum Wert des Alters der Kuh in Monaten bei der Abkalbung.................... 35

Tab. 24: Auflistung der Kalbejahre mit der Anzahl je Kalbejahr im Auswertungsdatensatz.................... 36

Tab. 25: Kalbeverlauf in allen Laktationen, sowie in den ersten 3 Abkalbungen und >3 Abkalbungen mit deren Anzahl und Anteil in Prozent 38

Tab. 26: Totgeburtenrate dargestellt in Total, 1.-3. Abkalbungen und >3 Abkalbungen 40

Tab. 27: Prozent der lebend und tot geborenen Kälber nach dem Kalbeverlauf 41

Tab. 28: Anteil an lebende und tot geborene Kälber des jeweiligen Kalbeverlaufs 41

Tab. 29: Varianzen der multivariaten Modelle mit deren Standardabweichung.................... 45

Tabelle 30: Kovarianzen der multivarianten Modelle mit Standardabweichung 45

Tab. 31: Direkte und maternale Heritabilitäten (Diagonale) und genetische Korrelationen (oberhalb Diagonale) für Trächtigkeitsdauer, Kalbeverlauf, Totgeburtenrate und frühe Fruchtbarkeitsstörungen mit deren Standardabweichung, multivariates Modell 46

Abbildungsverzeichnis

Abb. 1: Diagramm zur Ermittlung von Phänotyp P (Eaglen, 2013) 2

Abb. 2: Effekt der Laktationsnummer auf die transformierte Kalbeverlaufsklasse (Fleckvieh) (Fürst, 2013)... 10

Abb. 3: Genetischer Trend für Kalbeverlauf und Totgeburten von Fleckviehstieren (Fürst, 2013)...... 11

Abb. 4: Anzahl der Beobachtungen und die Häufigkeit von Totgeburten in Abhängigkeit von der Trächtigkeitsdauer (Hansen et al., 2004) 16

Abb. 5: Anzahl der Beobachtungen und die Häufigkeit von Totgeburten in Abhängigkeit von der Trächtigkeitsdauer (Eaglen et al., 2012)... 17

Abb. 6: Genetischer Trend für Fleckvieh Stiere, für die Merkmale Mastitis, frühe Fruchtbarkeitsstörungen, Zysten und Milchfieber (Fürst, 2013) 22

Abb. 7: Anzahl der Abkalbungen je Laktation 25

Abb. 8: Anzahl an Abkalbungen je Alter in Monaten der Kuh.. 26

Abb. 9: Anzahl der gesamten Trächtigkeiten und Verteilung über die Trächtigkeitstage 27

Abb. 10: Anzahl der Trächtigkeiten der 1., 2. und 3. Abkalbung und Verteilung über die Trächtigkeitstage 28

Abb. 11: Verteilung der Trächtigkeitsdauer des eingeschränkten Datensatzes 36

Abb. 12: Anzahl der beibehaltenen Trächtigkeiten der 1., 2. und 3. Abkalbung und Verteilung über die Trächtigkeitstage 37

Abb. 13: Trächtigkeitsdauer in Abhängigkeit vom Kalbemonat.. 38

Abb. 14: Kalbeverlauf in Abhängigkeit vom Kalbemonat.. 39

Abb. 15: Kalbeverlauf in Abhängigkeit von der Trächtigkeitsdauer und Anzahl der Abkalbungen 39

Abb. 16: Totgeburtenrate in Abhängigkeit vom Kalbemonat 41

Abb. 17: Anzahl der beibehaltenen Trächtigkeiten und Verteilung über die Trächtigkeitstage, sowie die Verteilung der Totgeburtenrate in Prozent.. 42

Abb. 18: Frühe Fruchtbarkeitstörungen in Abhängigkeit vom Kalbemonat 42

Abb. 19: Frühe Fruchtbarkeitsstörungen in Abhängigkeit von der Trächtigkeitsdauer und Anzahl der Abkalbungen.. 43

Abb. 20: Frühe Fruchtbarkeitsstörungen in Abhängigkeit vom Kalbeverlauf...................................... 43

Printed by Books on Demand GmbH, Norderstedt / Germany